黄河國家治理文獻集成（清代卷）第四十八册
《黄河國家治理文獻集成》編委會　編
總第六十四册

河防輯要

周家駒　輯
董杰　編

内蒙古出版集團
内蒙古人民出版社

圖書在版編目（CIP）數據

河防輯要 / 周家駒輯 ; 董杰編 . -- 呼和浩特 : 內蒙古人民出版社, 2025. 8. --（黃河國家治理文獻集成）. -- ISBN 978-7-204-18470-5

Ⅰ . TV882.1

中國國家版本館 CIP 數據核字第 20251N8R22 號

河防輯要

周家駒　輯

編　　者　董　杰
策劃編輯　王　瑶
責任編輯　王　瑶
裝幀設計　劉那日蘇　吉　雅　安立新
責任監印　包鐵柱
出版發行　內蒙古出版集團　內蒙古人民出版社
地　　址　呼和浩特市新城區中山東路 8 號波士名人國際 B 座 5 層
網　　址　http://www.impph.cn
印　　刷　內蒙古愛信達教育印務有限責任公司
開　　本　880mm × 1230mm　1/16
印　　張　21.5
字　　數　240 千
版　　次　2025 年 8 月第 1 版
印　　次　2025 年 8 月第 1 次印刷
印　　數　1—1000 冊
書　　號　ISBN 978-7-204-18470-5
定　　價　176.00 元

編纂委員會

主　　任　陳利保

副 主 任　周承英　吴義學　王　瑶

成　　員　賈大明　何可欣　董立群　羅　婧　王曉俊　董麗娟

白　玲　特日格勒　徐　飛　李月琪　王麗燕　李　琳

主　　編　董　杰

副 主 編　張曉東　曹　玲

委　　員　（按姓氏筆畫排序）

王　丹　王智慧　王鑫義　白胡日查　朱紫陽　李　萌

李新蕊　姚亞菲　陳　思　曹佳興　梁芹洋　張文文

張　岩　張博原　張　祺　張曉英　喬恩懋　賀　莎

楊　怡　楊建國　楊　承　霍燕平　魏雪剛

引言

千古河流成沃野，幾年沙勢自風湍。

得益于黄河冲積所帶來的疏松土質和有機物，中華先民利用石製工具開始了農業生産，并逐步發展出旱地粟作農業，『能够最大程度保障食物供給的穩定性，奠定了中華文明起源和形成的堅實基礎』〔一〕。而利用河水灌溉，提高區域可預測農業産量，『在産業史上起着最有决定性的作用』〔二〕。隨後，技術進步、經濟發展、人口增加，讓先民的文化生活大爲豐富。嚴文明先生評價道：『這是一場影響深遠的革命。』〔三〕在這場革命中，平衡水、沙、産、人四者之間的關係，始終是黄河治理的核心問題。四者關係一旦失衡，就容易引發諸多灾患。

歷史上，黄河下游因人口稠密、經濟發達，一直是學術界關注的重點。但自河源至今内蒙古托克托縣河口鎮的黄河上、中游區域，雖遠離王畿，人口稀疏，却也一直備受關注，人們逐步認識到黄河全流域治理是國家的重要任務。《漢書》載：『堤防之作，近起戰國，雍防百川，各以自利。』〔四〕没有全流域的協同治理，僅靠各地分段築堤，則黄河河患無法解决。秦建立了中國歷史上第一個中央集權大一統王朝，秦始皇東巡碣石，刻石銘記『决通川防，夷去險阻』〔五〕，開啓中央政府調動各要素治黄之先河，這『在中國，實質上是國家的一種職能』〔六〕。同時，國家通過對黄河的有效治理，爲沿黄流域人民群衆乃至其他地區人民群衆提供了重要的公共物品和産業支撑，成爲人民群衆眼中中央政府的功過評價指標之一。因此，治黄在增强沿黄各族群國家、政治、文化認同的基礎上，强化了中國大一統國家的合法性，成爲歷代國家治理能力的一個重要測度。

一、黄河治理維護了國家的社會穩定

從秦并六國到漢朝建立大一統國家，中國統一的多民族國家形成并得到初步發展。當時中央政府對所轄疆域有『北邊郡』和『内郡』之稱。内蒙古額濟納旗出土的居延漢簡有載，『貇（墾）田以鐵器爲本北邊郡毋鐵官印器内郡令郡以時博賣予細民毋令豪富吏民得多取販賣細民』，可以看出北邊郡是與内郡相對應的行政管轄區域。《史記》卷二十八『封禪書第六』載：『上乃遂去，並（并）海上，北至碣石，巡自遼西，歷北邊至九原。』〔七〕。《史記》卷三十『平準書第八』載：『天子北至朔方，東到太山，巡海上，並（并）北邊以歸。』〔八〕司馬遷多次提及北邊，足見統治者對北邊治理的重視。

漢武帝時，齊人延年提出從今内蒙古引黄河水經今北京一帶，向東注入渤海，以衛北部邊疆。『是時方事匈奴，興功利，言便宜者甚衆。齊人延年上書言：「河出昆侖，經中國，注勃海，是其地勢西北高而東南下也。可案圖書，觀地形，令水工準高下，開大河上領，出之胡中，東注之海。如此，關東長無水災（灾），北邊不憂匈奴，可以省隄（堤）防備塞，士卒轉輸，胡寇侵盜（盗），覆軍殺將，暴骨原野之患。天下常備匈奴而不憂百越者，以其水絶壤斷也。此功壹（一）成，萬世大利。」』[九]《史記》卷二十四『樂書第二』載：『天馬來兮從西極，經萬里兮歸有德。承靈威兮降外國，涉流沙兮四夷服。』[十] 如今，包頭地區出土了『四夷盡服』瓦當，出土文物與傳世文獻的呼應，成爲黄河治理維護祖國北部邊疆穩定的見證。

《史記》卷三十『平準書第八』載：『嚴助、朱買臣等招來東甌，事兩越，江淮之閒（間）蕭然煩費矣。唐蒙、司馬相如開路西南夷，鑿山通道千餘里，以廣巴蜀，巴蜀之民罷焉。彭吳（吴）賈滅朝鮮，置滄海之郡，則燕齊之閒（間）靡然發動。及王恢設謀馬邑，匈奴絶和親，侵擾北邊，兵連而不解，天下苦其勞，而干戈日滋。』[十一] 清代《汾陽縣志》卷十三『藝文』收録曹學閔《開修黄蘆嶺車路紀德政碑記》，上載：『永寧州，界連西陲，北達邊外歸綏諸路，商賈遠貿粟麥，泛皮船隨黄流南下，聚于州西磧口，一府之民仰利賴焉。而東至太原，南抵平陽，州縣凡二十餘，亦視汾爲槖籥，蓋所繫非特一方生計矣。』[十二] 民國時期，東北淪陷後，開發西北刻不容緩，而『黄河中游之水利，自應加以擴充及整理，藉（借）收桑榆之效，以挽狂瀾於（于）萬一』[十三]。

因黄河流域自然條件優越，歷朝歷代都十分重視對此地的開發，通過强有力的國家干預方式推動各類産業的發展，爲中國北部疆域的形成和社會穩定奠定了基礎。

二、民族交往、物資交流、技術轉移促成黄河治理共同體

《史記》卷十五『六國年表第三』載：秦始皇三十三年（前214），『築長城河上，蒙恬將三十萬』[十四]。這數十萬人中，擁有一技之長的人員不在少數。由此，邊地人口不斷增多，而豐富的物産則促進了商品交流與統一市場的形成。西漢《鹽鐵論・力耕第二》記録了『异物内流』的情形：『是以羸（騾）驢馲駞（駝），銜尾入塞，驒騱騵馬，盡爲我畜，鼲鼦狐貉，采旃文罽，充於（于）内府，而璧玉珊瑚瑠（琉）璃，咸爲國之寶。』[十五]此後，黄河北岸的『羸（騾）驢馲駞（駝）』『驒騱騵馬』『鼲鼦狐貉』『采旃文罽』與西南織錦、中原麻織、農作物等物資相互交流，逐步形成統一的國内大市場，加强了邊疆與其他地區的經濟聯繫，促進了邊疆特色産業的發展。

隨着民族交往交流交融的增强，清代以降，黄河流域内蒙古段輸入到内地的也不僅僅是『异寶』了。《綏遠通志稿・水路》載：『自乾隆以還。口外墾殖日廣。民殷物阜。出境之油、糧、鹽、鹼（碱）、甘草各貨。入境之日用雜貨。山西與歸綏往來之商運。凡經河路者皆以托屬河口爲唯一之碼頭。』[十六]從清乾隆年間到民國時期，由内蒙古經黄河運到山西的貨物有糧、油、鹽、碱、藥材、皮毛等，其中以糧油爲最大宗。糧食品種主要有糜黍、穀子、高粱、豆類及玉米、大小麥

等，油料主要是胡麻。内蒙古供貨支綫有從阿拉善盟阿拉善左旗吉蘭泰鹽池到山西吕梁市磧口鎮的運鹽駝路，五原縣、臨河區一帶各大幹渠的運糧水道，杭錦旗、達拉特旗的甘草馱運綫，鄂托克旗的運碱駝路。内蒙古段各條支綫以供貨爲主，山西段若干支綫以運銷爲主。

《臨縣志》載：『清朝乾隆至民國年間，陝、甘、綏、蒙等地的物資，通過此航綫運達磧口，再用牲口馱運到離石、吴城，轉運至東路（汾、平、介、孝等縣）。據民國 20 年（1931）統計，每年從綏遠磴口航至磧口的貨船不下 4000 餘艘』，『是陝、甘、綏、寧與晋西北物資集散之重鎮』。[十七]可見，内蒙古在甘肅、寧夏與陝西、山西等沿黄上下游物資交易中起到了重要的聯結作用；同時也吸引了山西、陝北、河北、山東、甘肅等地的農民遷移至此，并將開渠打壩、引水澆地等農業生産技術、手工技術和商業貿易經營方式帶到這裏。他們在此扎根，除了從事農業生産外，還挖甘草、下窑背炭、在黄河上拉船、在沙漠中拉駱駝、打短工放冬羊、開碾磨油坊，等等。不同地域、不同民族的人們合力修築河渠、引水興業，逐漸形成休戚與共的共同體。其間積纍的産品交易、商業管理、社會治理等方面的經驗，在今天依然有借鑒意義。

清代『首重治河，探河源以窮水患』[十八]，但更深層次的考量是『宣揚大一統及增强國家認同』[十九]。黄河流域人口基數大、分布廣，而全流域治理理念將不同地區、不同民族的人們凝聚成命運共同體，而『大一統』理念正是這一治理實踐的核心主題。

三、黄河流域拓展了中國的發展空間

早期統治者因巡幸及邊防建設所需，統籌管理沿黄河運與秦直道等沿黄馬道，維持着中央政府對北邊的有效治理。河套平原引黄渠道的建設爲秦漢王朝屯田事業提供了基本的水利保證，并將這些區域變成防禦北部邊患的大後方與根據地。于是，沿黄馬道、沿黄河運與萬里茶道、草原絲路等陸路運輸聯通起來，促進了中華文明與其他文明的交流互鑒，拓展了新的發展空間。

新中國成立之後，沿黄各族兒女在中國共産黨的領導下團結合作、艱苦奮鬥，實現了大河安瀾。黄河流域建立起行之有效的防洪抗汛機制，支撑着沿岸的産業發展，改善了周邊生態環境。當代治黄史證明，正是由于中國共産黨的正確領導以及集中力量辦大事的制度優勢，纔從根本上减輕了河患的威脅。進入新時代，黄河流域在築牢安瀾根基的同時，以蓬勃活力拓展着中國的發展空間。沿黄九省區在協同發展中不斷釋放潛力，讓黄河流域成爲國家區域協調發展戰略中不可或缺的重要一極，爲中國的發展源源不斷地注入新動能。

綜上所述，黄河流域的治理不是單純的河道治理、生態環境治理或社會治理，而是一種關涉水、沙、産、人四者關係的系統性、協同性治理，是推動國家可持續發展的動力，也是厘清國家治理與邊疆治理兩者動態交互實際效果的絶佳視角。而黄河工程等『中國本土理論資源、學術積纍』〔二十〕，有助于研究國家治理的演進歷程。進入新時代，黄河治理與國家治理的關係研究不斷開闢新視角、持續涌現新成果，其中鑄牢中華民族共同體意識、邊疆治理與黄河流域生態保護和高質量發展成爲非常重要的研究視角。因此，基于這一角度搜集整理黄河國家治理文獻，意義重大。《黄河國家治理文獻集成》，應運而生。

本叢書系統梳理了黄河治理的歷史脉絡與經驗，既爲新時代黄河流域生態保護和高質量發展提供了歷史鏡鑒，更以文獻爲載體，傳承了治理智慧、凝聚了民族力量，是服務國家發展戰略、鑄牢中華民族共同體意識的重要學術實踐。

《黄河國家治理文獻集成》編委會

二〇二五年一月

〔一〕韓建業：《中華文明的起源和形成》，載《中華民族共同體研究》2022年第4期，第80–91+172頁。

〔二〕中共中央馬克思恩格斯列寧斯大林著作編譯局：《馬克思恩格斯選集》第二卷，人民出版社，2014年，第240頁。

〔三〕嚴文明：《黄河流域文明的發祥與發展》，載《華夏考古》1997年第1期，第49–54+113頁。

〔四〕（漢）班固：《漢書》卷二十九『溝洫志第九』，中華書局，1964年，第1692頁。
〔五〕（漢）司馬遷：《史記》卷六，秦始皇本紀第六』，中華書局，1963年，第252頁。
〔六〕冀朝鼎：《中國歷史上的基本經濟區與水利事業的發展》，朱詩鰲譯，中國社會科學出版社，1981年，第7頁。
〔七〕（漢）司馬遷：《史記》卷二十八『封禪書第六』，中華書局，1963年，第1398–1399頁。
〔八〕（漢）司馬遷：《史記》卷三一『平準書第八』，中華書局，1963年，第1441頁。
〔九〕（漢）班固：《漢書》卷二十九『溝洫志第九』，中華書局，1964年，第1686頁。
〔十〕（漢）司馬遷：《史記》卷二十四『樂書第二』，中華書局，1963年，第1178頁。
〔十一〕（漢）司馬遷：《史記》卷三十『平準書第八』，中華書局，1963年，第1420–1421頁。
〔十二〕（清）方家駒修，（清）王文員纂：《汾陽縣志》卷十三『藝文』，清光緒十年刻本，第57–58頁。
〔十三〕王華棠、劉錫彤、吴樹德：《黄河中游調查報告》，華北水利委員會編印，1934年，第1頁。
〔十四〕（漢）司馬遷：《史記》卷十五『六國年表第三』，中華書局，1963年，第758頁。
〔十五〕王利器：《鹽鐵論校注》，中華書局，1992年，第28頁。
〔十六〕綏遠通志館：《綏遠通志稿》第十册，内蒙古人民出版社，2007年，第176頁。
〔十七〕臨縣志編纂委員會：《臨縣志》，海潮出版社，1994年，第273、321頁。
〔十八〕趙爾巽等：《清史稿》卷一二六『河渠一』，中華書局，1977年，第3715頁。
〔十九〕劉惠：《乾隆朝重構黄河河源的實踐與國家認同》，載《清華大學學報》（哲學社會科學版）2018年2期，第147–154+195頁。
〔二十〕許耀桐：《當代中國『治理』概念的演進探析》，載《國家現代化建設研究》2023年3期，第100–111頁。

出版前言

黄河，中華民族的母親河，她不僅孕育了中華文明，更見證了中華民族數千年的發展歷程。習近平總書記深刻指出：『從某種意義上講，中華民族治理黄河的歷史也是一部治國史。』這一重要論述，爲新時代黄河文化的保護傳承以及流域治理提供了根本遵循，也深刻揭示了黄河治理在國家發展和民族復興進程中的核心地位。在學習貫徹習近平新時代中國特色社會主義思想，積極響應國家黄河流域生態保護和高質量發展重大戰略，大力推進北疆文化建設的背景下，《黄河國家治理文獻集成》的編纂出版，具有重要的歷史意義、學術價值與現實指導意義。

黄河治理，自古以來就是國家的頭等大事。從遠古時期大禹治水，到當代運用科學技術進行系統治理，中華民族在數千年的時間裏，積纍了豐富的治河經驗，留下了浩如烟海的文獻遺産。《黄河國家治理文獻集成》收録了元代至民國時期古籍、朱批奏摺、期刊圖片等多模態文獻資源。這些文獻内容豐富、維度多元，既包含記載河工技術、治理方略等的專書，又有漢文朱批奏摺、工程檔案以及不同區域的調查研究報告等。民國時期的文獻則標志着現代水利科學開始融入黄河治理，展現了我國水利事業在時代變革中的創新與發展。近代照片的收録則以更加直觀的方式將黄河治理、黄河沿岸的風貌呈現給讀者。

該文獻的出版，不僅是對瀕危黄河文化遺産的及時搶救與保護，更是對我國水利史、國家治理史、邊疆治理研究學術鏈條的重要補充，具有較高的文獻價值和學術意義。尤爲重要的是，這一集成工作，深度契合鑄牢中華民族共同體意識這一全黨全國各族人民的共同任務。各民族在治理黄河的歷史進程中，緊密協作、共同探索，這些珍貴文獻便是各民族交往交流交融和中華文明認同的生動見證。對這些文獻進行整理出版，能够讓各族人民更加深刻地認識到，在歷史長河中，各民族共同爲黄河治理貢獻了力量，共同守護了家園，從而進一步增强對中華民族共同體的認同感與歸屬感，夯實鑄牢中華民族共同體意識的歷史根基。

《黄河國家治理文獻集成》以『國家治理』爲核心綫索，構建起一個全面、系統、多維的文獻體系：在時間跨度上，聚焦從元代至民國這一傳統治河向現代水利轉型的歷史時期，爲深入研究我國水利事業的發展脉絡提供了清晰的時間坐標；在内容分類上，細緻劃分爲技術專著、工程檔案、區域研究、朱批奏摺、科學報告、圖片等類别，涵蓋黄河治理的各個方面，從不同角度展現了我國在黄河治理上的探索與實踐；在版本選擇上，秉持嚴謹、科學的態度，確保文獻内容的準確性與代表性，爲學術研究奠定堅實基礎。

在編纂過程中，叢書特别注重『全流域治理』的理念，不僅收録了有關下游防洪治河的重要文獻，還涵蓋了中游地區水土保持以及上游地區灌溉開發等方面的珍貴記載。這種對黄河全流域治理的全方位關注，與當前『共同抓好大保護，協同推進大治理』的要求高度契合，充分體現了叢書在傳承歷史文化遺産的同時，緊密服務于當代國家發展戰略的時代價值。

在出版過程中，嚴格保持原書的版式與行款，最大程度地還原文獻原貌。對于部分出現黴變、殘缺的頁面，運用先進的數字化修復技術進行精心處理，在保留原始批注與印章痕迹的基礎上，兼顧了文物的真實性與文獻的可讀性。

此外，爲了更好地服務讀者，方便學術研究，本叢書新增了目録、提要等内容，這些新增部分由編委會精心撰寫。新增目録一般編製二級，個別圖書編製三級；原書有目録而内文無對應標題的，根據原書目録照録；原書目録爲關鍵詞或者其他情况的不編製目録；原書目録與内文不一致的，以原書内文爲凖；原書無目録的，按卷端、版心或其他部分輯録；一册書中收録多種圖書的，以書名爲一級標題，編製二或三級。在文字使用上，統一使用現代漢語規範繁體字，對于原版文獻中的异體字、避諱字也使用現代規範繁體字，無對應規範繁體字的保留原字。

《黄河國家治理文獻集成》的出版，是對黄河文化遺産的一次系統性、搶救性保護，具有重大而深遠的現實意義：從學術價值層面來看，叢書成功構建起一座連接傳統與現代治黄文獻的橋梁，爲黄河流域生態保護、水利工程史、國家治理史、邊疆治理、中華民族共同體學等多個領域的學術研究提供了豐富、翔實的基礎文獻，有力推動了相關學科的發展與創新；從文化價值角度而言，生動展現了北疆文化與黄河文化在歷史長河中的交融共生，爲内蒙古『北疆文化』品牌建設提供了堅實的文獻支撑，進一步豐富了中華文化的内涵與外延；從實踐價值方面考量，書中所藴含的治河理念爲我們在新時代背景下實現人與自然和諧共生、推動黄河流域可持續發展提供了寶貴的歷史經驗與智慧啓示。

在此，我們要衷心感謝各藏書機構的大力支持，正是他們提供了珍貴底本資源，纔使得本叢書的編纂出版成爲可能。同時，我們也要向文化遺産智能應用服務中華民族共同體建設『英才與蒙』團隊致以崇高的敬意，他們歷經五年的辛勤耕耘，以嚴謹的治學態度和專業的學術素養，對文獻進行了系統的整理和輯録，爲叢書的内容質量提供了堅實保障。此外，我們還要特别感謝内蒙古自治區黨委宣傳部、内蒙古出版集團將本叢書納入『北疆文庫』重點項目，并在出版過程中給予全方位支持與幫助。

我們衷心期待，這套凝聚着無數心血與智慧的《黄河國家治理文獻集成》，能够在新時代的『黄河大合唱』中奏響歷史的强音，爲黄河流域生態保護和高質量發展注入强大的歷史動力，讓黄河文化在保護中傳承，在傳承中創新，在創新中不斷發展，綻放出更加絢爛的光彩。同時，希望這套叢書能够成爲促進各民族文化交流、鑄牢中華民族共同體意識的重要載體，助力各民族更加緊密地團結在一起，共同爲實現中華民族偉大復興的中國夢而努力奮鬥，讓中華民族共同體意識在黄河文化的滋養下，扎根于每一位中華兒女的心中，成爲推動中華民族不斷前進的强大精神力量。

提要

《河防輯要》，成書于清末宣統年間（1909—1911），周家駒撰。周家駒，字子昂，合肥人，好水利之學。

該書分爲四卷，共101篇，詳細記載了黄河治理的理論、策略、工程技術、器具使用、物料管理等内容。首爲名言類，選録靳輔等人關于河防幾個具體問題的核心論述，分審勢、堤防、疏浚、工料、善守、任人、估計、選兵、訓練9論。次爲修守類，涵蓋防汛、工程維護、植被種植等12篇。在工程分類方面分5類叙述，包括土工類27篇、埽工類6篇、石工類11篇、搶護類7篇和堵合壩工類29篇。

本次出版采用宣統三年南京湯明林印刷工廠鉛印本。

目録

卷之二

河防輯要

河防輯要序

治河之方始於禹貢畧見於詩書春秋之文降及漢代若河渠書溝洫志史家言河之至詳者其後治河專家不一著作亦甚富如至正河防記問水集河防一覽及

本朝治河方畧諸書皆今昔之所最著其書多詳於河道形勢而畧於工程建築之法或有論及亦苦未能詳備夫治河必悉形勢足矣譬之築室相陰陽度隰原旣立其基倘於棟宇榱桷結構締造之欵要茫無所知縱版築苟完將不欹側必傾覆耳則審形勢與考工作豈非治河所並重哉家駒幼在鄉里督治畎畝曾從事乎溝洫嘗省 先武壯公於畿輔駐

軍津東創開屯田數萬畝闢新河十數條建橋閘數十座上接南運減河借淡刷鹹斥滷之地盡爲沃壤其規畫制度當時雖知其當然愧未得其所以然之故及展讀河防各書加意研究始知工程造作各有精意歲己酉奉今豐潤督院派修揚屬運河西隄經營半載卽事考求本得於書與昔所見者以證事實益信成法莫能外也嘗聞河工人才南河爲盛家駒需次江南蓋在黃河北徙數十年之後其能言河事者已落落如晨星竊歎河道變遷人才之消長繫焉顧無工以資歷練人才之不出宜也當此時局艱難欲培國本端在養民養民之道以興地利爲本計而治河道修水利又興地利

之本計此家駒所以斤斤於工程之學也惜河務專書舊板無存刋本行世者頗少又非粹集多種不能窺工程作法之全學者問津不綦難乎公餘之暇因取言河各書中有關實用者按土石埽壩修守搶護各工分門選錄合爲一編規矩具在俾究心河事者考鏡有資安知婁之明輸之巧不有出於其中者耶

宣統辛亥年端陽前二日合肥周家駒書於金陵逸園

河防輯要 序

一

印刷工廠印

河防輯要

凡例

一治河專書著作宏富於水道源流詳乎言之至工程做法修防事宜多未備載是編所錄皆工防實用之言採諸河防一覽治河方畧廻瀾安瀾等紀要及言河雜書私家藏本選集成册藉資考核俾河工成法不致廢墜

一土石埽壩各工疏導築建堵合諸法分門選錄語但求詳不尚藻飾章內略有補撮篇目則存各書之舊亦述而不敢作之意也

一做工名目防河器具舊本皆從俗稱以便閱者易曉又若鑲

埽當作鑲後出之書改用廂字海沙之海借用澥字編中所錄悉從其舊

一治河之道上關

國計下切民生全賴修守得宜防護有法若遇塞決大工尤貴成算在胸機宜悉當方不誤事此編所輯於河防節目雖不能纖毫靡遺而一切工程大旨粗具藉備講求其有未盡容再續輯閱者鑒之

河防輯要目錄

卷之一

卷之二

土工類

卷之三

埽工類

印刷工廠印

卷之四

印刷工廠印

河防輯要卷之一

合肥周家駒子昂甫編輯

名言類

論審勢

靳文襄公問於陳子省齋曰子言治河必順水性其要何也陳子曰必也其度勢也今者諸患並作若不先度大勢之輕重緩急而務其重者急者猶振衣而不知所挈也雖然重與急之患又非卽於患處治之也必推其所以致患之處而急圖之是非熟審焉不爲功如有患在下而所以致患在上則勢在上也當溯其源而塞之則在下之患方息譬如足病只

知療足而不探其足病之所由來雖投藥百劑勿效也不獨勿效病且增劇諺云下流處塞水鈌愈塞愈大此之謂也又有患在上而所以致患者在下則勢在下也當疏其流以洩之則在上之患自定譬如困賊於圍中而不開一面以分其志以緩其憤則將激其必死之心一旦潰圍而出不可收拾矣故上流應洩者先須於下流疏之此又釜底去薪之法也由是觀之非歷覽而規度焉則地勢之高下不可得而知水勢之來去不可得而明施工之次序亦不可得而定也潢請爲公跋涉險阻上下數百里一一審度庶乱[illegible]克舉而籌畫乃可施爾文襄公曰兩河形勢載籍可攷繪圖可稽叅斯觀

歷爲陳子曰今昔之爲患河雖同而被患之地不同今昔治河之理雖同而彌患之策亦有不同故善法古者惟法其意而已若欲攷載籍以治之何異按圖索驥刻舟求劍耶文襄公曰然是固當親歷也而子言治河之理今昔無殊則審勢之說亦有所昉乎子其爲我詳言之陳子曰禹貢首言隨山刊木奠高山大川非審勢而何至乘四載尤先事歷覽之徵也周禮考工記曰溝必因水勢防必因地勢善溝者水漱之善防者水淫之訓詁之家衆矣先輩惟以王昭禹說爲得旨說曰溝所以導水不因水勢則其流易塞防所以止水不因地勢則其土易崩故爲溝者必因水勢之曲直則其流斯無

壅矣爲防者必因地勢之高下則其土斯無崩矣是善溝者必潄齧之而無所壅以因水勢故也善防者必淫液之而無所決以其因地勢故也又按説文淫者浸淫隨理也徐氏曰隨其脈理而浸漬也凡此者何莫非揆度情形以治水之謂與惟是勢之爲言亦不一矣有全體之勢有一節之勢論全體之勢識貴徹始終見貴周遠近寧損小以圖大毋拯一方而悞全局寧忍暫而謀久毋利一時而遺患於他年地有高卑有險易土有淤鬆有燥濕其應鑿應築可行可止必究其致患之故以爲探本之謀必得易於施工之法以成夫爲下因川之計是皆舉全勢而審度之者也若論一節之勢如水

弱必束之使其勢急如水强必洩之使其勢平水勢停緩宜引之使直水勢猛疾必紆之使寬水勢沖射而難遏必築上流以遏之使之潊洄水勢蕩潫而可用即合其流以導之使之洗刷此皆因勢之説又隨時隨地而酌之者也苟不知勢用力多而成功少若審勢以行水則事半而功倍如孫臏之救趙庖丁之解牛均是法也治水者尤不可不神明其意焉

論隄防

靳文襄公問於陳子省齋曰論治河者莫不以分殺河勢爲言及考潘印川之説先以隄防爲事予今力宗之願聞其詳焉陳子曰拯河患於異漲之際不可不殺其勢若平時虞其

淤塞而致橫決之害更不可不合其流是合流爲常策而分勢爲偶事也設專務於分則河流必緩緩則沙停而淤淺愈淺愈緩愈淤愈淺不日而故道俱塞河既不得遂其就下之性勢必旁衝而潰矣故潘印川曰以人治水不若以水治水也蓋隄成則水合水合則流迅流迅則勢猛勢猛則新沙不停舊沙盡刷而河底愈深於是水行隄內得遂其就下之性方克安流耳所以治河者必以隄防爲先務也且考隄防之繕由來尚矣非自潘公始禹貢曰九澤既陂陂者隄防也慎子曰治水者茨防決塞雖在彝翟相似如一學之於水不學之於禹也解之者曰茨防即今黃河之埽也淮南子曰狠猶

得埵防弗去而緣解之者曰埵水埒也防土刑也埵當作埭與塍同凡此所云防者非隄防而何文襄公曰余聞宋太祖有云夏后治水但言導河至海隨山濬川未聞力制湍流廣營高岸自戰國專利湮塞故道以小妨大以私害公九河之制遂爲歷代之患弗弭論者悉推爲知言今之隄防非所謂廣營高岸力制湍流乎且曰力制則非順其性矣而予以隄防東水爲順其性其義何居陳子曰善治水者順水之性非縱水之性也譬之人性本善率之卽謂之道然易曰閑邪存誠又曰義以方外夫閑與方者非多方防閑之謂乎惟多方防範而本然之性乃全是防者正所以順其性也倘人而任

情縱欲以爲率其本性此放誕者之言其畔於聖人之道也遠夫治水亦然縱之而就下之性反失防之而朝宗之勢乃成此潘印川以隄束水以水刷沙之說眞乃自然初非矯揉之論故曰後之論河者必當奉之爲金科也文襄公曰禹貢所謂九澤者乃施之於瀦水之澤非於導川者言也今導川而祖既陂之說毋戕乎人之尚未繹言耳陳子曰川澤雖有異義古文每多互詞昔賢引經定義原不必泥近說況今只論隄防之當與否亦不必論人之曾用與否也若禹貢無既陂之文而今日合修隄防亦宜毅然行之況稽古有徵乎潘印川云禹時之河經於中州之地甚少必不若今日之濁故

可分九河以殺其勢於以知古之流可緩而今之流斷不可不逃此又古今之異勢難以執一而論也文襄公曰子論甚快余固無疑顧禹貢所謂陂者果與隄防之制有合否耶陳子曰甚哉公之善問也夫陂者坂也土披下而衺側也此非陡崖之岸乃坦陂之隄後人以騎而可登謂之曰走馬隄是即坡也蓋隄防之制其基必倍廣於頂則水不能傾之古聖人之一言而作隄之法已備洵言簡意該也至於隄防之名不一其去河頗遠築之以備大漲者曰遙隄近河之側以束河流者曰縷隄地當頂衝慮縷隄有失而復作一隄於內以防未然者曰夾隄夾隄有不能綿亘規而附於縷隄之內形

若月之半者曰月隄若夾隄與縷隄相比而長恐縷隄被衝則流遂長擊於兩隄之間而不可遏又築一小隄横阻其中者曰格隄又曰横隄隄防雖多不出此數者其作堤之法遥隄去河遠必相地勢因高而聯絡之其餘隨流以防範焉取土須遠隄根築土必旋挑旋夯若近隄取土則基不固土厚方夯則築不堅也築成驗土舊法插鑯灌水水不即滲便係堅結然插驗之法務於連晴之後其鐵鑯須細直下直起方合若輩作弊鑯粗而摇宕之則貼鑯之土先實亦不即滲遂被掩飾矣驗時宜細察也遥隄之外離隄取土之地即可成小河以資運料縷隄遥流排樁襯埽所不可少若在頂衝險

印刷工廠印

工尤必用護隄埽也隄工插柳可備捲埽隄根蓄草亦足禦波隨地制宜皆不可不喻也文襄公曰子言隄防詳矣若異漲之時何以殺其勢乎陳子曰遙隄去河頗寬若異漲之時溢至遙隄河寬而勢自殺是雖合流而分亦寓焉矣所患者三瀆並漲耳三瀆者何黃淮及山東漕河也每年水漲或黃漲而淮不漲或淮漲而山東諸水不漲或淮與山東水漲而黃反不漲抑或有漲於春者有漲於夏秋者三瀆不並漲猶可禦也惟是一時而三瀆適皆漲焉其勢遂莫之能禦若無以預爲之地一經泛溢其害何所底止是以遙隄之減水壩斷不可不設也當其無事有議減壩爲虛設者及減水時入

又有議減壩爲厲民者此皆不知全河之事宜而好爲局外之論者也夫減壩之設譬如居室者雖不日接賓客而几席必設供具必備偶有賓至處之泰然苟几席供具不一設備一旦賓客闐集其何待之勢必倉皇莫措矣有遥隄而不預設減壩萬一三瀆泛漲而蔑由少殺其勢遥隄一潰尚可救乎兵可百年不用不可一日不備減壩之設何以異是或曰減壩洩水大似以鄰國爲壑毋怪乎謗者之謂厲民也不知減壩之水節制之兵也所減有準則不若隄潰之漂溺無算也審利害者於害必就其輕者焉譬之子弟縱逸即當裁抑其受困苦者無幾若不爲節之而至於踰閑越矩將成放僻

邪侈靡不爲矣其陷於罪尙可言哉此養癰之害所以一潰而莫可救藥也夫減壩有天然之制必在異漲之時方有減下之水若漲稍退減卽止矣此出於萬不獲已爲保固全河於異漲之時計方設是減壩非若戰國曲防以病鄰國也且遥堤之外近有運糧小河減下之水將從小河洩之亦略存大禹疏九河之意耳設有淹及民田之時不異偶逢澇災民田低下者乃纔之也然低田一經黄水所淤水退而土卽墊高次年必獲倍收損益亦正相等要之設減壩則遥隄可保無虞保遥隄則全河可冀永定減壩與隄防實又相爲維持者也雖有暫時之害而實收久安之利安得謂之厲民也哉

論疏濬

靳文襄公問於陳子省齋曰東河邇海固以隄防為急務豈疏濬竟可不講乎陳子曰疏濬烏竟可廢也夫隄防束水固為行所無事設處不得不疏濬者又必有因事順導之法而不以人意參之庶不悖神禹之道耳如有潰決之患先宜截築決口兩旁掘溝下埽以裹定其根俾決口不致日擴也若既決於旁流則正流必緩故道暫淤若塞決口而不濬故道則水將安適水無所適而決口之流漸築漸遏愈遏而水勢愈急欲望其適合也不幾難哉然疏濬故道又未易言也故道雖豈竟淤如平陸乎其浮沙淤泥灘河淺水一望瀰漫欲

事畚插何所措手少爲開掘水即隨之滂泥水中焉能深廣甚矣人力之疏濬未易言也潢嘗再四圖維而知以人治水誠不若以水治水之爲得其道也是以欲濬故道者莫若將決口之下故道淤處反築一堰截其微流溯決口之上游相度形勢則開一引河直通故道夫故道淤處旣截微流則河底涸出漸可施工止須開濬深溝數道餘不必盡挖俟上之引河旣成下之深溝復掘然後併力下埽以塞決口及河流洶湧勢力加猛之際遂開決口上流引河之口黄流適際暴怒有一道以洩之勢必直注引河出引河而直趨故道故道已開深溝水有所容必且沛然莫禦而停沙淤淺之處便可

隨流而沖刷矣河溜既歸故道而決口水勢自減因再併力下埽決口斷無不合者也於是知築隄而水自可刷沙乃以築爲疏而疏且本於築也又當知導流而埽方可塞決乃以疏爲築而築又原於疏也凡此皆治其所以然之故而不外乎以水治水而已故導河者鑿河之形人力所成十之二引河之勢水力所滌十之八若以河患委託天意此任天而不任人者固失聖人範圍補救之道以河工全憑人力此任人而不任理者尤爲小智穿鑿意見之私也文襄公曰海口淤墊河流不暢潘印川謂無可施工惟當築隄合流導之沖刷則海口自深其說是已但近年淮黃入海之道較昔漸狹甚

竟可無事於開廣歟陳子曰唯唯否否夫海口浩渺洪波滔天欲事疏濬誠難言也然河挾沙而海潮逆上安得不墊傍岸洄溜尤易停淤故以今較昔沙洲出海幾及百里而海口漸狹勢使然也若終不濬下流必壅而欲上流不決烏可得乎是濬之法亦不可不講也其法於近海兩岸之内各開一引河挑土即培於引河之外以作縷隄其受河流處與入海處且緩啟其口俟河形鑿成又必當河漲之時方啟其口引黄分注於其中以趨於海初似析河而三再將中隔之沙渚鐫犂疏之其沙必隨波漸削久之合三而一則海口遂開廣矣此亦非全用人力而半藉水力以成之者也若曰海口竟

不可施工印川之說不無漏議焉文襄公曰子之論眞可補前賢未盡之旨矣至運河淤阻非人不爲功子有何妙畫其亦悉言之陳子曰南北運水皆入於河間有河水暴漲反入於運之時謂之倒灌一經倒灌運必淤淺如黃速退而清水下注便可復深亦無待開濬也惟慮清水旁洩力不能刷而黃水灌久則運不得不濬矣此人力之必需者也濬之之計量度土方以估工費自有常則然計方論工又不若聚集工夫計擔給值隨挑隨發尤爲便捷是在敏於任事者因時度地酌而行之耳至於河身廣狹深淺之宜又必計水之大小流之急緩量其來方度其消納以定之待舟楫通利淺者亦

可漸深倘朝夕停淤深者行將漸淺水無定行工難終已歲修額設良有以也

論工料

陳子省齋曰謀事者人心也赴工者人力也積儲者貲財也濟用者物料也夫謀慮未精不足以成事然徒謀而人力不集則託之空言矣貲財不儲不足以圖功然聚財而物料不備則緩急亦無濟矣故欲籌河防則工力與物料不得不熟計之也靳文襄公曰攷古塞河之役動發卒數十萬今則不然近河州縣有歲修額設之夫若別有大工興舉又隨時召募有司董之義民率之功竣罷去似較古發卒爲便今之力

役豈尚有未善者乎陳子曰修舉靡常固期調發恐有後時之慮州縣額夫既有定數何不如丁銀徵科解銀河庫不時僱募以免民夫起解及在工守候之苦尤爲公私兩便也至河流頂衝險要之處其巡守之夫無間晝夜無分晴雨皆須查視方可不時搶救向設守隄夫役慮無節制惰弛不免也潢思河工原比於軍法講即以軍法行之凡給食赴工之夫盡募爲支餉守汛之卒設千把等官統之以弁領兵以大轄小一如身之與臂臂之與指如此則節制既有責成而防禦庶無疏虞矣所慮者一法立百弊生每見營卒多開虛糧武弁役使無間而練習缺然矣河工流弊恐一如之若設則私

役缺則虛冒不幾名存實亡乎所宜預立嚴禁勤爲查照以杜獘端然此所設之卒爲防守搶救之計也若夫鑿渠築隄起建大工非募夫不辦其法非可計工以論也惟制府定其經界酌其高深量其尋尺凡或築或鑿皆以土方科之命監司按則估計以定經費之若干然後監理有官分修有官畫界派工領費募夫以從事焉至於募夫渙而無稽者也必慎擇義民以統率之義民亦計土方取値於官自復計工散値於夫其弊之不致於虧空工之必期於合法全視乎義民之得人與否此在司事者慎重擇之也胼胝畚鍤晴霽可作時際陰雨則相聚而食其晴時所餘之資不足償雨時坐糜之

費役夫之食恐致渙散則土方之外當量益以陰雨之食給此又不可不預計者也夫搶救防守若設卒有定制疏濬興作又量役以募夫較古之撥發誠爲無擾而易集事也惟是精於釐弊善於奉行則不在治法而在治人矣文襄公曰儲料濟用欲有利無弊又當若之何陳子曰埽柳葦縈近河頗饒需及時採運儲於險工至椿木來自江浙賛石採於南湖諸山而灰磚釘鐵恐事陶鎔其間若因公擾民尅價肥私物既不能符式料半屬於虛糜其弊正不可以枚舉矣祛弊之法所當勤其稽覈信其懲究則弊方不至太甚也而其要尤在預爲儲備不使緩急無措此爲肯綮之至論也若夫磚石

之工以墊底深厚幾層爲固下埽之法以簽樁入土多尺爲堅磚石用灰須以沙煉若灌灰漿者盡屬粉飾埽用柳草貴實以土若鬆浮者尤易漂流凡此皆賴實心任事之人實力董理耳至瀕海柴蕩隨河漫漲有日廣之勢其有裨於料巨非纖細必宜設專官理之凡造報之蕩取近河易運者責取蘆束以佐大工其餘皆宜聽民領管或歸竈戶或起灘租裕公之中復須利民勿俾豪强兼併滋爲弊藪斯善也至於運載物料皆係木石柴草麤重之物非借水力船隻何能搬運致遠向來修築及伏秋搶救俱封拏商旅行舟夫封拏客舟其爲害民自不必說且倉卒之際急欲拏舟商賈聞風遠

避往往有料無舟以致徒手莫救小災遂成爲大災矣是宜疏請將河卒建曠銀内動支特造運料船隻四五百隻分隸八河廳營各撥兵目爲之催儹駕運承習爲令則緩急運料有濟不致貽誤險工且挐舟之害民可以杜其弊此更有利公私急須行之者也

論善守

靳文襄公問於陳子省齋曰河之爲患終古不息豈遂無一勞永逸之策乎陳子曰宇宙間萬事萬物皆有變更固不獨河爲然也試觀城廓宮室有數千百里不傾圮者耶即如常人廬舍猶須時爲葺治若不即爲綢繆飄搖風雨所不免也

凡此靜業尚不能不儆況水屬動者乎水而依山或不挾沙猶不速變若黃水自中州而東容納既多流於平曠之境而又挾沙以行欲其不變妄可得乎故一勞永逸之說治他水或可言而獨難言於治黃也雖然黃之不能常治究人事之不能有恒耳蓋致害之端無不兆於幾微而成於忽忽是以熖火不息至於燎原蟻穴不塞至於沈竈其所由來者亦甚微矣防河者果能察幾慮遠杜漸防微一人理之千百人一其心以行之一時定之千百年遵其法以守之少有沖刷即捲埽以護之少有滲漏即退築以阻之少有淤墊即束波以滌之少有泛溢即量減以洩之時時防閑在在檢飭自可消

大患爲小患弭小患爲無患欲期久安長治也何有無如人事之不能有恒乃勢使然也或始勤而終怠或顧此而失彼或遷官罷去或疾病死亡自一官而論已不能必其有恒矣再者人懷殊心各立異論或勤惰不同或公私各別或習安而忘危或喜新而厭舊種種無恒河患隨作則自衆人而論更不能必其有恒矣且無恒而欲河之恒治也不綦難哉惟得公忠大臣深明河務者朝廷信任不疑俾之久於其職督率屬員惟懷永圖再簡賢能副其官講習有素即屬員俱宜永任有過則降黜若勤勞著績者增其秩毋遷其官一如欽天監太醫院之員皆專習其事自必諳熟其理庶幾陳雖

繼治而協心蕭曹相承而寧一將奠定之功克守一年即可弭患於一年克守十年百年即可弭患於十年百年矣獨是守之之要不特遵其成法又必通乎神明故有不輕更張而爲守者更有隨時變通而爲守者此又顧其人之何如耳嗟嗟天之生才不數即生其才而或未必用即用而或有間阻又不獲盡其才此其間則有天焉若曰人事既已克修而天意尚有難必是爲流俗人之言而非深明治河之理者也

任人

靳文襄公問於陳子省齋曰銓曹需次者紛紛赴工以冀進用可盡錄之乎陳子曰營室需財舉事需人彼欲用命而來

安可不錄然不可濫錄也當慎之於始而已夫河上畚鍤非可優游坐治也暴露日星櫛沐風雨躬胼胝忍飢寒其事固非易任矣若膏澤紈袴之子寧可與共荼苦躁進趨利之徒不可與歷艱辛倘使濫錄不獨遺悞大工且或一時未能卽委以事而若輩逍遙河上蜂營蠅集何所不作如易於題敘則開倖進之門如過爲遏抑必深叢怨之藪公私交敝誹謗布騰其害可勝道哉甚矣不可濫錄也文襄公曰旣需人而不錄之可乎是不可無遴選之良法也陳子曰然夫工之作也必有有司董其役而地廣事繁之處非一官可辦若支分縷晰具位庶僚亦未足以佐之則効力者之在所必錄也至

如選録之要仍當責之董理之有司必先究其素履驗其材力審其邪正擇可録者保之而升之於公然後親爲驗視而録之而試之以事試而不稱即黜之並究保者試而稱事由細而鉅歷委以試之於是堪大任者出矣夫苟有成效必爲薦拔俾身受者酬庸而聞風者鼓厲此自古用人之法也要之始貴慎其選擇繼貴嚴其考覈終貴信其賞罰自可收任人之效而又何有失人之患哉文襄公曰親爲驗視一謀面耳安能定其賢否耶陳子曰孟子不云乎聽其言也觀其眸子人焉廋哉蓋應對舉止之間其人之智愚敬忽大畧可見至其福澤之厚薄亦不可不審也故命將者福將爲上才將

次之勇將又次之何則夫福厚者器必厚其爲人也大抵皆堅凝持重謙謹安詳奉上必誠恪也任事必周密也待人必寬恕也臨財必慎重也其際危急之時值艱險之地乃能鎮定而不驚好謀而克濟也故曰觀人者必觀其心而觀心者必觀其氣也文襄公曰予言觀人之法我其試之若勸懲之道誠在於賞罰矣我聞之古人云賞如山罰如溪者何謂也陳子曰如山云者確乎其不可拔也昭其信也又山重也所以明不輕也如溪云者淵乎其不可測也示可畏也又溪深也所以明不寬也是故賞罰者居上之樞機作事之綱領也信賞必罰自可以驅天下之才而成天下之務雖然猶未論

其本也從來治法固行於治人而治人之本尤在居上位者端之於已爲公身膺重任所貴敬以臨之勇以任之明以察之勤以率之寬以期之信以要之恒以守之備此七者又矢以實心徵以實事將如聲應響如腕運指庶司百執事有不從風而偃者乎於以捍大災禦大患也何有潢於此更有請爲潢等臆度之論又不若經歷之言之親切而已試也故凡田夫老役有所陳說皆宜採聽以備參詳此不任其人而任其言亦任人之一端也虞舜好問好察邇言取於人以爲善故其智乃大今人命意立說必欲出於已而後快自私我見之未去安可以成大事成大功哉

論估計

凡估計各工甯寬毋尅甯增無減始製不惜物可經久後圖修整亦易爲功是經始之多費者正以省費也設初估苟簡勢必草率而易壞一壞之後不能修復勢必更張而再圖則其費不更多乎故深於爲國計者不可希一時之省用而遺旋修旋壞之慮不可顧目前之易完而致隨成隨敗之咎大凡估計甯有餘以待節減慎勿先爲苟且之計以致因小而誤大也彼有司之浮冒估銷以圖侵漁此不肖之甚者法固必懲以多估爲已嫌以撙節爲迎合雖賢者恐亦不免殊不知大臣公忠體國當計其大者遠者不當於當用而節之以

留國家異日之患致蒼生罹漂溺之災誤國殃民不幾因苟簡一念基之乎可不慎哉況天子以天下爲家其城廓河渠猶家室之棟宇溝洫也百金之家搆一室每歲必有塗茨修葺之用豈富有四海而肯惜此整理河山之費乎且漕運商船必經於河國派流通利濟匪細是又所費者小而取益者大也

論選兵

兵爲侯伯之苗此言雖俚然九萬鵬程始於足下河兵雖無侯伯之分而爲提鎭者往往有之司選人之柄者可不愼歟

河兵一項向有餘丁如缺一糧卽以餘丁補之此時絕無餘

丁名色不論何人皆可食糧似非慎重修防之道此後務須挑選鄉野誠實能耐勞苦之人年在十六以外二十五以內充當餘丁庶乎其可此等人必黑大粗壯手面皆有力作之色者是也切勿用游手好閒之徒但看面光色白神氣不定者是也或有專取豐偉者或專取伶俐者此二者亦皆不可爲準何則豐偉而氣不充則脂重不能力作伶俐而神不足則心活遇事虛浮然除此二者則無可選之人矣惟當以精氣神爲主孟子云聽其言也觀其眸子斯盡選人之妙矣大都河兵以誠實愚魯之人爲宜愚魯之人誠信足以感孚憾氣足以振作加以恩威並用其有不爲我所用者耶

論訓練

天下之至勞苦者莫如兵而河兵爲尤甚兵可百年不用河兵則終歲勤勞殆無虛日臨大汛如臨勁敵守長隄如守危城及至三汛安瀾後及有額柳積土按日計工則河兵固無日不用者也以無日不用之兵可不加之訓練乎訓者平素講究工程練者臨工試看技藝兵之執事不一惟以樁埽手爲重謂之力作兵欲練兵丁先明隊伍除樁手每隊十二名其廂埽兵丁應以二十八人爲一隊內齊板手二名拏眉子三名其餘盡皆廂埽以熟諳樁埽之效用領之再以百總副之名爲領隊如一營有力作兵丁百名分爲五隊挑選廂埽最

爲熟練迅速而年力強壯者爲頭隊每月餉銀之外獎賞爲最優其稍次者爲二三隊再次者爲四五隊其錢糧獎賞爲最輕凡新補之兵皆歸第五隊俟其技藝漸優方準以次遞升而上其領隊之効用百總皆在頭隊兵丁內選拔亦按隊遞升此項之百總即以備將來千把總之選不但廂埽必須熟練竝宜擇其能調度料理衆兵者方可選拔則人知向上有階自無不悉心習練矣各隊兵丁各聽領隊號令如有違犯準其責處兵丁有功領隊同賞兵丁有過領隊同罰務使痛癢相關如臂指之聯屬則呼應自能靈捷其練兵技藝則全在春工試看蓋洮水未長從容之際正可習練平時習慣

險時即不至忙亂以一隊一日能用料之多寡定其優劣用料多而不草率者爲優即酌加奬賞如用料雖多而工段草率者不但不賞並宜存記降等用料雖不多而埽工細緻者加之激勵若用料既少廂工又復草率即立行按隊遞降示懲總欲於從容辦理之中便捷踴躍如臨大險方爲有益

修守類

四防

一曰晝防隄岸每遇黄水大發急溜埽灣處所未免刷損若不即行修補則埽灣之隄愈漸坍塌必致潰決宜督守隄人夫每日捲土牛小埽聽用有刷損者隨刷隨補毋使崩卸少

暇則督令取土推集隄上若子隄然以備不時之需是爲晝防

二曰夜防守隄人夫每遇汛水大發之時修補刷損隄工盡日無暇夜則勞倦未免熟睡若不設法静視恐黄夜懈防難免失事須置立五更牌面分發南北兩岸協守官並管河官照更挨發各堡傳遞如天字堡發一更牌至二更時前牌未到日字堡即差人挨查係何堡稽遲即時拏究餘堡傚此隄岸不斷人行庶可無誤巡守是爲夜防

三曰風防水發之時多有大風猛浪隄岸難免沖損若不防之於微久則坍薄潰決矣須督隄夫捆紮龍尾小埽排列隄

面如遇風浪大作將前埽用繩樁懸繫附隄水面縱有風浪隨起隨落足以護衛是爲風防

四曰雨防守隄人夫每遇驟雨淋漓若無雨具似難冒雨巡工必致投入家或堡舍暫避隄岸倘或出險難免遲誤貽咎須預令各堡夫役每名各置斗笠蓑衣遇有大雨以備應用嚴督夫役時時在隄巡視庶無意外之虞是爲雨防

二守

一曰官守舊制黄河盛漲管河官一人不能周巡兩岸須添委協守職官分岸巡督每隄三里原設堡房一座每堡夫三十名每夫分守隄十八丈責令每夫二名共守一段於隄上

共搭一窩棚置燈籠一個夜間在此棲止以便傳遞更牌巡視隄工管河官並協守職官時常督率稽查使無頑刻懈弛而隄岸可保無事三里一堡恐相離較遠一堡有警別堡不知有誤救護每堡必立旗竿一根黃旗一面上書某字堡三字燈籠一個晝則懸旗夜則掛燈以便瞻望仍置銅鑼一面以便轉報一堡有警鳴鑼為號鄰堡挨次傳報各堡夫併力齊赴有警處所即時救護首尾相顧通力合作搶築不難矣

二曰民守每堡三里派夫三十名似已足資修守恐各夫調用無常仍須預為籌備舊制凡附近臨隄鄉村每堡例助鄉夫十名水發上隄同堡夫并力協守水落回家量時去留不

妨農業不惟隄岸有賴而附隄之民亦得各保田廬矣

水汛

自清明節起二十日爲桃汛二十日以後起至立秋前一日止爲伏汛立秋日起至霜降前一日止爲秋汛霜降後交冬爲凌汛河寬水濶冰隨水下未可因水勢平穩懈忽藐視故亦稱汛有管河責者須於四汛未至之先查工程之平險其間有昔平今險昔險今平明險暗險久險暫險似險非險似平實險更察天時之寒燠陰晴地形之高下寬窄水勢之區向順逆則工程之大小緩急瞭如指掌矣

測水

立春之後東風解凍河邊入候水初至凡一寸則夏秋當至一尺頗爲信驗謂之信水又正月上旬秤水卜一年之水旱初一日起用瓦瓶每朝取水秤之重則雨多輕則雨少初一日占正月初二日占二月餘倣此謂之月信凡河水當增漲之際如見中法溜急較兩邊之水必高河心水高後水方大故不可不察也欲知來水之大小須看擁勢之疾徐徐則微高水小疾則擁高水大故當設法探量可知後勁測量之法將河邊水內壘小土埂一條攔水一方寬長尺餘使水宵靜不爲風浪搖漾然後於河邊剷平地一方與圍定之水相平挖一土塘寬五六尺深照水平之高將水平安入塘內總期

水平三眼與河心水面相平爲度再縴竇橫擋土塘口上可量水平之眼高出土塘若干此即河心水高之數也

查勘歲修工程

河務工程宜未雨綢繆不可臨渴掘井人皆知伏秋大汛爲修防緊要之時殊不知全在冬勘春修一交桃汛後土埽各工皆竣料物儲備充足入伏經秋從容坐守不過遇險即搶而已若冬勘未週春修不足伏汛之水已長廂築之工未竣事事措手不及鮮有不潰敗者縱幸而搶救保全然所費錢糧已不知幾倍倍矣每年霜降水落之後凡廳營汛員必當於所管境內周遍巡歷破此十日半月工夫則全局情形皆

了然心目除大隄埽壩之外凡灘面河唇均須親到閲看詢訪土著老人細問水長時情形如何水落時情形又如何丈量比較大隄高灘面若干灘唇較隄根高矮若干蓋臨河之灘唇必高隄根之灘地多窪往往以隄視灘似乎頗高及較灘唇即形卑矮者如此較準高下以定大隄應培之尺寸再量灘寬若干察看河心溜勢之趨向有無坐灣裏卧若離隄漸近即應預籌防範灘面串水溝槽尤爲隱患必須填做土格編栽卧柳使春汎水長時即逐漸停淤庶免伏秋時串刷爲患其埽工則細按長水落水即係某段著重某段稍輕每工必有當家大埽數段將此數段估兩寬長擴作大鑲則下

數段皆輕所費少而所省轉多若誤於撙節之說春修不足則大汛水發下段節節著溜搶救不遑所費愈多矣秫稭廂埽其力僅能支三年多則四年根脚必已朽腐冬間埽根淺露宜細細查看或折廂或加廂務宜認眞盤築不可惜費惜勞趁冬間細細估定一交春令卽次第興辦定限於三月初間全完蓋春初人夫閒暇易於僱募土工既得從容夯築埽工亦可細心盤壓不致悤忙花費在管工幕友家人及河營弁兵往往不願春修做足暗留爲搶險地步蓋春修估定而後做絲毫皆有稽攷一經搶險則事在倉皇易於花銷浸潤爲廳員者不可不知萬一上司駁減緩辦如果知之眞確必

仍當力爭也正雜料物宜於冬令通計一年所需購辦足數全儲在工俾大汛時應用裕如不致臨時猝辦爲販戶勒措居奇蓋新料登場之際民間急圖出售其價必賤迨至販戶囤積轉向購買則價必昂貿易之理自古爲然購辦在先必多節省此又在筦庫者之先事綢繆矣

春修簽隄

河工首重埽工猶屬明險大隄尤爲根本其暗險不可不知一綫單隄年深日久或有獾洞鼠穴水溝浪窩之病及樹根朽爛冰雪凍裂之處一遇大汛漫灘滲漏串水最爲隱患其所以防患於未然者惟有每年於春初百蟲起蟄後將南北

兩坦逐細查勘籤試該文武汛各帶兵夫分投督辦每汛隄最長者不過二十餘堡每日可籤一堡文武分籤十餘日可竣其法用尖頭細鐵籤長三尺上安丁字木柄如柱杖式先量明兩坦丈尺每人攤管三尺如坦長三丈派兵夫十名按坦之長短排定人數開定名單自上而下按次持籤排立挪步前行每挪一步即立住中左右用力籤試三籤再向前進步步皆然隄唇派字識一名力作兵夫七八名各持鐵籤榔頭隨行遇有籤出洞穴該兵夫報明一面令字識在某兵夫名下登記一面令力作兵夫刨挖尋其根底洞之大小灣直不一其小而灣曲者恐兵夫偷嬾或將碎土壅蔽雖無心作

弊而洞穴細小一鍬下去洞口即掩其實並未塡實也該汛必得親督刨挖細心察看古云蟻穴沈竈不可以小而忽之所有發出洞穴之兵夫視洞之深淺量爲酌賞其有南坦洞穴通至北坦者名爲過梁兩面俱能發出獎賞各倍之所發洞穴小則立飭力作兵夫隨時塡墊堅實大者報之廳營速即親臨查看估計土方專派委員務須潑水行硪認眞塡築使土性新舊交黏外掛淤土高出老坦二三寸以便復行發試兼免雨水沖霖之患總之兵夫各分其職發者自發挖者自挖塡者自塡俾用力專而成功速該廳給予飯食免致枵腹從事某日發某堡派某兵夫共發出洞穴幾處每日開單

報明廳營每五日摺報院道自某日開發至某日發完亦須報明備查發畢之後廳營先查一遍儻再有洞穴量明自隄脣至洞穴計幾丈幾尺係某發遺漏將原發兵夫枷責文武汛訖過廳營既查之後院道臨工逐汛抽查若再查出洞穴竝塡墊草率等弊汛弁同當嚴辦該廳營亦不能無咎也春初發隄距大汛尚有數月難保無獾鼠等物復行穿洞各堡防汛兵夫均應分給長簽於空閒時察看內外隄坦有虛鬆處竝獾鼠往來形跡即加簽試一經簽出洞穴照前獎賞

大汛防守長隄章程

治河如治兵必先嚴其壁壘能守而後能戰河工之大隄即

城垣也守防之兵夫即士卒也有隄而無人與無隄等有人而不能用與無人等若不籌畫於先機講求於平日雖人滿長隄心志不一變生倉猝茫然不知所措如驅市人而使之戰其鮮有不敗者矣河工守長隄較難於守埽壩蓋有埽之處料物儲備兵夫齊集人人如臨大敵遇事一呼即集大隄則地長人少不能聲息相通汛水未漲之時往往人心懈怠以爲儘可無慮殊不思可慮即在於此爲廳營及文武汛員者當不憚車馬之煩將所管境內隄堰河灘形勢平時勤加履勘了然於心目之中各段兵堡人夫及隄裏隄外附近鄉民聯絡如家人父子一經大汛則長隄之上棊布星羅守望

相助如臂指之驅使從心雖有強敵何能撼之所有防守事宜逐條開後語云有治人無治法是所望於實力行之者

一廳官所管汛地自上交界起至下交界止必須將隄身寬窄高卑土頭好醜離河遠近灘脣高矮埽段高卑新舊通工形勢光景細細了然於心目一遇長水報險胸有把握不致張皇失措

一各廳汛地綿長廳營查察恐難周到必須分段巡查以昭慎重除各埽工不計外長隄約以二十里爲一段當於二十里之中蓋廠房一處正屋廚廂等房約五六間或請委員或派友丁專在廠房分段管理凡有應備搶險器具寬爲預備

並多儲錢文一段共設十堡每二堡派記名効用一名爲長巡均聽委員約束如有不遵嚴爲責處再廠房前應搭寬大過街棚一座招募就近人夫夜間攜帶筐鍬在此歇宿以備不虞

一廳官無事切不可在廠房閒坐無論桃汛秋淩四汛凡有埽之處所須閒步往來查看水勢變遷或上提或下坐卽須預備正雜料物以防之庶不至臨時手忙腳亂大凡水勢變遷必由逐漸而來萬無猝然而至之理是以閒時須緩步審察情勢也閒中查看亦必須步行斷不可坐轎坐車卽不然騎馬亦可惟長隄道路綿長勢難一律步行但遇近隄溜勢

較常時稍覺變遷則必須步行細細查察

一每堡派堡兵二名其實不敷應用黃河例有民守之條遇伏秋大汛時隄裏就近村莊於每堡派民夫五名以資協守如無民夫協守每堡應再添巡兵二名或僱長夫二名每堡共有四人日間同力合作夜間分班巡查庶足以昭慎重

一各堡房必須收拾整齊以爲兵夫棲息之所另備插牌一面於牌上注明離河若干丈大隄長寬各若干雨傘蓑衣每兵夫各一件燈籠每堡二個須常驗其有無燭籤巡籤兩枝火把十根銅鑼二面鐵鍬兩張筐扛兩副齊木榔頭四個夯兩架鐵簽二根鐵鍋兩口棉襖兩件布袋四条均須一一置

備以防不虞

一防守長隄須知河勢黃河大都數里一灣其灣處埽工居多然亦有灘面寬濶不到隄根者防守之員當於未經漫灘之先沿河查看如南岸南灣此岸北灣某灣緊對某堡灘離河尚遠而隄身必須格外高厚蓋坐灣之處一經出槽又值順風則風擁溜過水勢擡高與各堡漫灘情形不同如遇此等工尤須加意不可不知也

一隄根必須開路如南岸南面北岸北面於隄根修路一條凡有水塘窪形當於冬春兵夫閒時先行填墊出水三尺爲度寬八尺以便車馬往來再外灘地勢於高大隄頂高灘面

數尺至高亦不過丈許當以大隄裏坡隄頂高一丈三尺之處再開腰路一條寬三尺務須一律平整爲兵夫巡查之路再每堡兩頭自隄頂之底路須斜開馬路二條以便上下

一隄頂隄坡除笆根草外凡有長草必須割去以清眉目其外坡之草亦不可割應留以禦風浪其裏坡之草應割至腰路爲止隄頂之草亦須全割總要留根二三寸以護隄身不準連根鏟拔轉致傷隄

一漫灘水到隄根必須日夜巡查大隄裏坡有無滲漏如裏坡一見潮潤即須時刻留心儻有浸滲一面稟知防汛官一面鳴鑼照堵漏子章程如法辦理日間由隄頂行走一目了

然夜巡更爲吃緊必須發給鐙燭由底路去腰路回細心查看再隄根每多坑窪雨後不無積水日間巡查凡有積水之處一一記明以免夜間見水驚惶

一外灘有普面大窪形一經漫灘水面寬濶每遇風暴必至傷及隄身最爲危險如有碎石之處卽做碎石防風得以一勞永逸或有淤土之處做大隄坡包淤亦可經久儻二者俱不可得當於該處堆料幾垛並預備五尺長大簽子數十根椰頭足用如水至隄根猝遇風暴趕緊搶護每一尺五寸釘橛一根用料掩護尚易爲力

一大隄有滲水之處無論軍民人等首先舉報因得搶護平

穩者賞給銀五十兩於伏汛前出示曉諭大隄外連年水至隄根者尚無大患惟或因灘唇高仰或因外有民埝多年未經水之隄轉為可慮何則灘唇塌卸一經盛漲則河水出槽民埝失事則溜勢奔騰直注隄身萬一隄有滲漏猝不及防往往因而漫溢其害不可勝數必須防患於未形如有此等工程於大隄外幫築土戧先行地硪放五收大坦坡層土層硪夯築堅實再看灘唇有無塌卸並量灘唇高水面若干再用旱平按五丈一竇量灘唇高隄根平地若干便知河水漫灘隄根水深若干如果水勢太深應先於下游挑挖倒溝於半槽水時開放使水內灌逐漸停淤民埝如已殘缺單薄亦

照此辦理伏秋汛後即可淤平此亦化險爲平之一法也然必須大隄十分穩固然後辦理斷不可輕舉妄動也

一河勢裏卧塌灘應量明至隄根若干丈每丈一封堆以便查看有無續塌將塌崖之處用鍁放坦並多掛柳枝以免續塌

一河水漫灘各堡門前安設小誌樁一根隨時察看如上游水長即傳知下段一見消落即須傳知以安人心

一大隄高矮未必能一律相平漫水一到隄根即令長巡逐細測量分段開單報明聽營如普律高五尺一兩處高二三尺者即趕加子埝以防水勢續長免至臨時周章

一夜巡兵夫因迫於號令不敢不往來行走第慮應故事並不認眞查看應於日間令人攜帶小銀牌或錢一二百文由底路行走暗藏於草根每堡兩處次日黎明仍令原人收取如有夜巡拾得者加倍賞之否則薄責示懲

一各堡兵夫當號令嚴明之際如見本廳巡查自皆作踴躍急公狀迨本廳過去退歇堡房終朝不出甚而至於回家安歇且往他處游蕩賭博相習成風深堪痛恨欲除此病惟有本廳到處留心即如割草開路等事量明長丈限以時刻過去時收拾至何處同時如果見功效卽分別給賞否則薄責示懲再每堡兵夫四人孰勤孰惰恐難眞知必得分段巡防

之員悉心體察本廳巡查時一一詢明再親爲試驗庶賞罰稍有把握

一兵丁務令親自當差凡有頂替卽行飭革其堡夫一項頂替居多或按季僱或按月僱不妨問明替身姓名便於查點蓋在隄人夫呼其眞姓名似覺踴躍不敢偷懶且本有堡夫拔兵之例如有實在出力之人儘可拔入隊伍亦收羅人材之一法也

一河工防守必須聲息相通在本廳境內自當隨時關照卽上下兩廳亦須聯絡除緊要公事由馬遞外其餘長水落水亦應彼此知會以便提防均於傍晚時發遞交兵夫飛送限

時行二十里當於交界安設字識一名註明何時出汛彼此稽查自無遲誤而隄頂夜有行人亦習練兵丁之一法也

一大隄每多繞越裏路較近廳汛各官除緊急事外必須由大隄行走以便查看仍應由隄頂去隄根底路回不可貪走近路

一凡馬路必須於隄頂上墊高三尺庶車馬往來不至傷及隄身此事責文武汛員並通知地方官令地保隨時填墊

一廳官查工必須帶大小銀牌並錢一二千文如有出力兵夫隨時獎賞多則二百文少亦數十文以示鼓勵務使在隄兵夫踴躍歡欣便是太平氣象能於獎賞之外別有感勵人

心使之奮興從事久而不怠者則神而明之存乎其人使有罰無賞人人解體誰肯出力乎所謂恩七威三者是也

一有大寨土工每汛應於裏面有土之工酌留一兩段俟伏汛開工以爲養夫之用如無土工亦應酌估一兩段庶可招集人夫以備不虞

防守凌汛

河工本有桃伏秋凌四汛而歷來皆以桃伏秋三汛安瀾後便爲一年事畢殊不知凌汛亦關緊要也當冬至前後天氣偶和上游冰解凌塊滿河謂之淌凌有擦損埽眉之病此其小者若淌凌時忽然嚴寒凍結凡河身淺窄灣曲之處冰淩

最易擁積愈積愈厚竟至河流涓滴不能下注水壅則高或數時之間陡長丈許拍岸盈隄急須搶築而地凍堅實簣土難求甚至失事者有之凌汛之爲害正復不淺凡當凌汛各廳必須多備打凌器具如木榔頭油鎚鐵鐝等物於河身淺窄灣曲之處僱備船隻分撥兵夫派實心任事之汛員領之一見冰凌擁擠卽使打開勿致擁積此爲凌汛第一要務不可視爲具文也嘉慶三年睢工漫溢霜降後水落歸槽被水村莊涸出灘高水面已七八尺居民咸歸舊業迨臘月間正在淌凌忽因風暴奇寒漫口以下淺窄處爲冰凌壅擠陡長水丈餘居民被難者不少又嘉慶七年正月内冰凌凍結正

河擁擠亦陡長水丈餘外河南岸吳城一帶北岸刁家庵等處凡隄工稍卑者幾及平漫地既凍結無土可取不得已購買村莊之糞地草堆廚屋地基挖土擔築子埝方得平穩此雖不常有之事實足爲前車之鑒舊法防守凌汛多用逼凌樁以護埽者然悉心體察甚不得力蓋霜降後水落歸槽各工埽段高出水面五六七八尺不等所掛樁木長二三丈不等掛樁之法於迎溜埽段前眉隔五尺空檔釘橛一根用繩繫住樁尾將樁頭侵入水內初掛時尚無凌到樁木直立埽前空檔中再加柳捆似可抵禦及至上游解凍冰凌蜂擁而下將樁木斜擠向東無論樁木短長凡有樁頭皆在凌上所

過之凌仍擦埽眉名不稱實者如此再四講求惟有將椿木下節先用蘇纜連環扣住然後入水再於上埽生根用細鐵練扣緊庶冰凌過時不致擠動但凌鋒最利力能截木所有椿木必用連青毛竹片迎水一面密釘庶無截斷之患如無毛竹以鐵皮裹之亦可總須入水二尺出水三尺以防長水或於埽前紮小木把入水二尺亦可攩護其捆纜之處仍須仿照木龍上冰滑式否則亦有散篺之慮

放淤

河工放淤乃化險爲平之一法然未放之先越隄必須增培放成之後埽工不可廢棄有此二者方爲盡善否則利未可

必而害已在目前或利在目前而害在日後其實利輕而害重不可不知也未放之先如遠年舊越隄隄身非不高厚似足禦水而獾洞鼠穴難保必無儻開放之時一經滲漏則關係非輕因而失事者往往有之此害在目前也幸而放成計圖節省工料不守埽工因之溜勢裹卸漸形入袖越隄必又生工垷住溜勢其險更甚其費亦更甚黃河之性一灣變則灣灣變其害且不可勝數此又害在日後也歐陽文忠有言事有所不能必擇其害少而利多者為之故必於未放之先將越隄增培高厚使水到無隙可乘放成之後埽工照舊修守使河勢不致更變庶可萬全其放淤之法有盤做裹頭挑

挖倒溝開放者有由外灘挑溝開放者有做木涵洞放者有做草䑲放者只要越隄堅實無所不可在司事者相機行之

今將各放法開後

一放淤必先於埽工迤下背溜之處外灘築土埝一道圈住大隄方將大隄挖斷盤做裹頭留口門寬一丈盤頭之處刨槽深一丈各寬三丈用軟草細細廂塡蓋壓淤土勿使進水摻後仍用層柴層廂高出水一丈以防行蟄於外灘挑挖倒溝一道引水灌滿內塘俟內外水勢相平再於迎溜埽段上挖開大隄名爲進黃溝引溜進塘逼淸水由先挖之溝仍歸大河從此逐漸澄淤數日間卽可淤成平陸夫旣欲放淤必

須引溜蓋行溜之水渾渾則淤重背溜之水清清則淤薄此理有固然者必須愼重從事不可大意也

一放淤先擇寬濶灘面挑順溝一道其深淺與越隄內地相平約離越隄六七十丈總以溜頭不到裹頭爲主使跌塘在外灘不致傷隄冒險一放即平灌滿後再行相機開放清水塘內清水一有出路黃水便行復進逐漸即可淤平但必須先將越隄加培與大隄相平周圍廂做防風方爲萬全

一木涵洞或圓或方均無不可圓者以徑二尺方者以見方一尺五寸長以六七尺爲式總須大頭小尾以便套接其第一段桶內於離口一尺之處四面貼板約長一尺上面開縫

一道下三面做槽用牐板一塊插入槽内以便啟閉又第一段桶外離口一尺二寸用二寸厚板四面厢出飛沿寬二尺用油灰鈎抿以免進水處將桶外之土汕刷凡有合縫之處皆用油灰鈎抿兩桶相接之處亦用油灰務使涓滴不漏木桶做成後於當迎溜處將埽段挑挖深槽與水面平用真淤土三面填墊將木桶埋於淤内上加淤土一尺務使四面擠緊勿令進水再於上面層料層土加厢高厚俟河水增長再行開放此亦放淤之一法也每桶每日計可進水二千餘方視内塘大小以定安桶多寡或一桶不敷再爲增添須臨時酌之

一草牐海州阜甯沿海一帶居民用以蓄洩水勢者以之放淤甚爲得力尤宜於已經合龍之壩工取其底柴深厚萬無一失如需放淤應於深水埽工留上邊埽將正壩挖開底長七丈寬如壩身深入水二尺用純淤土分兩坯塡墊每坯上土一尺使水潑勻多令人踹跳以極膠粘爲度再上二坯亦如前法俟水氣稍乾於七丈居中留金門寬一丈兩邊各刨坑一箇深三尺先用五尺圍圓大木二根截樁長四丈於上半截先開四寸寬八寸深槽子對面豎起令樁手架起雲梯用硪徐徐打下入土二丈五尺出土一丈五尺再令木匠將兩樁對面較準將原槽開寬至九寸務使針鋒相對不可稍

一刷印工廠印

有偏倚其槽內亦須打磨光淨以便下板再將牐底板鋪齊底板長三丈拼寬三尺厚二寸每塊中間鑿五寸徑圓眼二箇用尺五圍圓木截橛長六尺橛頭用厚二寸鐵箍箍緊鐵箍應四面出戟由板眼釘下只留鐵箍在外管住板片不使上浮如壩身寬十丈即如數鋪足其樁木處兩板各挖月牙務須擠緊上再加萬坊木一塊見方一尺亦做榫頭由樁木上板槽內牐下所有板片合縫處均用油灰鈎抿勿使滲漏然後兩邊用柴廂做牐牆將樁木包與埽眉齊上下水均須拏眉子每坯須柴一尺亦須照前使人踹跳層柴層土廂與壩臺平再壓大土三尺更期穩固其下口散水處應用托盤

寬一丈長八尺兩邊牆高三尺一頭壓在底板下一頭於壩下釘樁兩根上安橫木將盤架住再於內塘築三丈見方木牌一架浮於水面緊緊托盤之下使水由木盤直沖木牌上可免跌塘之患如內塘是乾地應先挑一大坑引水灌滿亦可插牆埽上大樁兩邊亦照石插安插耳四根用三尺圍圓木截長八尺將上首四尺斵方斜埋埽內出土四尺預於頭上鑿就圓槽以便安裝溜軸啟閉插板其插板一槽計十六塊每塊長一丈一尺六寸見方八寸並做一寸深之合子縫庶下板時更爲嚴密不致漏水此則專指合龍大壩放淤而言若於大隄放淤一切做法相同惟刨挖大隄宜留外面埽

刷印工廠印

工如無埽之處須築做圈埝然後將大隄挖槽較比水面低七尺層土層柴廂壓堅實以作牐底所有大隄裏坡亦須挖去用柴廂戧陡眉下口出水庶可直注木牌也

捕獾鼠說

獾洞鼠穴最爲長隄之害必須摎捕淨盡以絶其根方無後患獾有行住之分行獾尚未傷及隄身住獾洞在隄根尤爲必不可留之物獾性畏人驚動其穴在隄根及廢隄撑越各隄近水草與墳塚者居多其洞有前門離四五丈或七八丈復有後門大如麵碗人或於前門堵擊即從後門跳逸堵後門即竄前門正如狡兔之有三窟也其藏身之巢穴寬大如

窩洞口外有虛土一小堆是其出入之處蹤跡顯然可察捕法不一有用煙熏有用網兜有用繩套其獵犬一項在所必需每汛當於河兵中設獾兵一名專管拏獾多喂獵犬並備長鎗小網等器具令於驚蟄挨堡查看有無獾行形跡以便撈捕此事雖專責獾兵但汛地綿長恐難周到所有守堡兵夫終日在隄應協力查看一有獾行蹤跡即稟明本營官勒限設法撈捕一經拏得持赴本廳呈驗每得一獾賞給銀二兩如逾限不得責處示懲但獾兵知有賞格或將他處之獾捉獲領賞不可不察故得獾必驗洞穴時須刨挖到底夯杵填築堅實由廳營驗報以憑復驗再獾之巢穴總在沙土隄

穿洞者居多因沙土細而實在卽懸空不致塌下故也其淤土粗而不膠若懸空易於塌卸不可不察其地鼠一種隄頂兩坦均有之但見有虛土一堆卽此物也迎風開洞用地弓鐵箭百不失一此事應責成堡夫然總須廳汛各員隨處留心察看嚴立勸懲否則仍有名無實耳

栽植柳株

凡沿河種柳自明平江伯陳瑄始也其根株足以護隄身枝條足以供捲埽清陰足以蔭縴夫柳之功大矣然種柳不得其法則護隄之用微且成活者少惟明臣劉天和六柳說曲盡其妙康熙二十年諭令各工種柳至二十六年以後所用

之柳半取諸此成效大著若各營弁於春秋防守稍暇之時每丁計地各課種柳若干不過三年沿河成林一有不測搶埽搶防不煩砍運於他處即以本汛之柳供本汛之工力省而功易集所益非小也

附劉天和六柳說

一曰卧柳凡春初築隄每用土一層即於隄內外邊各横鋪如錢如指柳枝一層每隔尺許一枝毋太稀疏土內横鋪二尺許土面止留二寸毋過長自隄根直栽至頂不許間少

二曰低柳凡舊隄及新隄不係栽柳時月修築者俱候春初用小引橛於隄內外自根至頂俱栽柳如錢如指大者縱横

各一尺許卽栽一株亦入土二尺許土面亦祇留二寸
三曰編柳凡近河數里緊要處所不分新舊隄岸俱用柳椿
如鷄子大四尺長者用引橛先從隄根密栽一層六七寸一
株入土三尺土面留一尺許却將小柳卧栽一層亦內留二
尺外留二三寸却用柳條將柳椿編高五寸如編籬法內用
土築實平滿又卧栽小柳一層又用柳條編高五寸內用土
築實平滿如此二次卽與先栽一尺柳椿平矣却於上退囘
五寸仍用引橛密栽柳椿一層亦栽卧柳編柳各二次亦用
土築實平滿如隄高一丈則依此栽十層卽平矣以上三法
皆專爲固護隄岸葢將來內則根株固結外則枝葉綢繆名

為活龍尾埽雖風浪衝激可保無虞而枝梢之利亦不可勝用矣北方雨少草稀歷閱舊隄有築已數年而草猶未茂者切不可輕忽前法運河黃河通用可也

四曰深柳前三法祇可護隄以防漲溢之水如倒岸衝隄之水亦難矣凡近河及河勢將衝之處隄岸雖遠俱宜急栽深柳將所造長四尺長八尺長一丈二尺數等鐵裹引橛自短而長以次釘穴使深然後將勁直帶梢柳枝如根梢俱大者為上否則不拘大小惟取長直但下如雞子上儘枝梢長如式者皆可用連皮栽入即用稀泥灌滿穴道毋令動搖上儘枝梢或數枝全留切不可單少其出土長短不拘亦須一二

尺以上每縱横五尺即栽一株仍視河勢緩急多栽則十餘層少則四五層數年之後下則根株固結入土愈深上則枝梢長茂將來河水衝嚙亦可障禦或因之外編巨柳長樁內實梢草埽土不猶愈乎臨水下埽以繩繫岸以樁釘土隨下隨沖勞費無極者乎

五曰漫柳凡坡水漫流之處難以築隄惟沿河兩岸密栽低小檉柳數十層俗名隨河柳不畏渰没每遇水漲既退則泥沙委積即可高尺餘或數寸許隨淤隨漲每年數次數年之後不假人力自成巨隄矣如沿河居民各分地界築一二尺餘縷水小隄上栽檉柳尤易積淤增高一二年間隄內即可

種麥用功甚省而爲效甚大黄河用之

六曰高柳照常於隄內外用高大柳樁成行栽植不可稀少

黄河用之運河則於隄面栽植以便牽挽

防盜決

守隄之法隄防盜決最爲吃緊蓋盜決有數端坡水稍積決而洩之一也地土磽薄決而淤之二也仇家相傾決而灌之三也至於伏秋水漲處處危急鄰隄官夫陰伺便處盜而洩之諸隄皆易保守四也巡警稍怠或乘風雨之時或乘黑夜之際即被下手矣防禦者不可不知

河防輯要卷之二

合肥周家駒子昂甫編輯

土工類

築隄

築隄之要有五勘估宜審勢取土宜遠坯頭宜薄硪工宜密驗收宜嚴備是五者工必固也不宜於隆冬懼凍土凝結凌塊難融雖重硪不能追透者亦不宜於夏恐水至漫灘無土可取故凡大興工作非春秋不可也估計之要必因地勢周禮考工記曰善防者水淫之註曰防所以止水不因地勢則其土易崩薔必擇高阜處不與水爭地然後能禦水隄身不

宜過於順直不妨少有彎曲他日如遇河溜掃灣而來逢隄身外曲處不過埽工兩三段卽挑溜開行否則順走隄根生工不已此屢所經歷信而有徵者從來守隄如守城凡城垣之敵臺垜口必外凸方能禦敵亦正此意耳估計之要先隄頂丈尺以次收分頂寬或五丈或三丈兩坦按裏三外五估算名卽羊坡其高較盛漲水痕高出水面五尺爲度務使水平較量確切不可疎忽隄成之後再於兩坦多種笆根草可免水溝浪窩及風浪撞刷之患

築隄首重土塘工員稍不經心外灘則挖成順隄河致成隱患內塘皆向坑窪一雨之後積水汪洋遇搶險時無實土可

取故開工時即先定土塘務離隄根二十丈各塘留埂界每十丈留寬一丈土格一道每三十丈留寬二丈大土格一道向來築隄取土或取外灘或取內塘或兩面皆取辦法不一以理而論當以外灘取土爲是緣外灘土塘一經黃水漫灘便可淤成平陸乃取之不盡者內塘則取一筐少一筐自應留存以備搶險前定土塘離隄根二十丈係指完工後而言插夫時應計隄工每丈用土若干如頂寬三丈底寬十五丈高一丈五尺每丈需土一百三十五方土塘以挑深五尺爲度每丈可出土五方必得二十七丈之土方敷工用連原留二十丈應於隄根四十七丈外插鍬挑起逐漸退後迫隄工

告成尚在二十丈以外然必得各工員收下方始能照此辦理何爲下方插塘之後即照挑引河之例每日科塘發給飯食收塘內已出之土其挑出之土務須按段派人查察不許絲毫拋灑否則塘內出土多上隄之土少必致累工此皆向來辦理章程近年南河有收上方者以爲巧便殊不知挖壞土塘之病實由於此所有收上方一條開工之前即宜嚴行禁止總要

隄既估定應看牆基如係老土只須重硪套打一遍謂之行地硪如係新淤地面必須刨槽深二尺亦不必照原估底寬全行刨挖只於臨河一面托寬二丈足矣刨成後用硪套打

所有還槽土必須兩坯分做追打堅實錐試不漏方準再行

上土

上土坯頭愈薄愈妙宜定以限制俾知遵循今定每坯以虛土一尺三寸打成一尺爲式如估高一丈五尺之隄令其十五坯做儻少有不敷再加一漫足矣每分工上多截木段以一尺三寸爲誌俗名謂之紗帽頭每坯土照此高厚以憑一律總之隄工堅實全仗硪工硪工之所以得力必得薄坯方能追到如坯頭過厚雖有重硪亦無能爲力故辦理隄工不得不認眞查察坯頭也惟兩分工交界處所彼此相讓每留成一大溝形最爲隱患必須嚴諭各工員於連界處各交互

多做兩丈如上段於底坯多做二丈下段即於二坯多做二丈各自行硪務使坯坯交互夯硪堅實以免交界虛鬆之病然非總催認眞查察不能破此結習

隄工按坯上土乾潮不一必須使水窨之方能合式如一坯上完後先令邊鍬或挑溝或挖坑將水傾於坑內漸漸窨透至半乾時用硪連環套打自可保錐如實在無水之處須將頭鍬土撇去用二鍬以下潮潤之土乘其潮性即便行硪不可徑行乾打其保錐較用水更爲穩當惟坯益要薄耳

隄之堅實全仗硪工硪有乳硪鐙臺硪片子硪等名三者之中以乳爲最每架硪頭應重七十餘觔或重九十餘斤但硪

固取其重然其追地又在撒手諺云起得高落得平便是會打硪人如撒手少有不勻則東倒西歪不能平平落地必有打不著之處卽不能保錐矣其鐙臺硪片子硪皆是短辮子宜於坦坡而不宜於平地所謂有利有不利用之得其當而已乳硪每架應用十八春秋日連環套二每日能打二十五六方有僱日記者包方者日記硪以日記工其弊在偷嬾包方硪論方計價弊在草率惟有論方包錐之硪爲妥當於每日收硪方時以簽試少有漏滲卽令再盤盤好再收庶無弊混隄工之至重者莫如兩坦坡必須坯坯包坦套打完工後再於坦坡上普面套打一遍方能堅實再有套二硪之法係

一硪連打二下不如令其東西一單遍南北一單遍更爲周密至各段應用硪多寡總以出土計算如土塘夫多而硪少必致無地上土俗名地閒土塘夫少而硪多又無地可打俗名硪閒二者皆至累工必須斟酌周到硪多添夫夫多添硪使硪地兩不閒則得之矣再草根樹枝之類一入土內必至漏錐每坯應另僱日記夫一名揀淨草根庶無後患

隄既築成自然照估量驗收工而得力處則全在總催之員隨時查察凡築隄之大弊首在收挖隄根隄根挖深一尺則隄工高處少做一尺不特工程較別段低矮而外灘所挖窪形即成順隄河其爲隱害正復不淺前人有釘誌樁之法以

杜其弊然偷挖誌樁之弊更不一而足其實地面之新舊一
目了然認眞查察豈能使工員少有弊混耶其次則底坯坯
頭高厚然嚴以簽試亦難掩人耳目惟包邊硪一弊甚難查
察何爲包邊硪如隄底寬十五丈坡係五收行硪時兩邊只
打丈許任憑簽試坦錐不見滲漏故收工時坦錐飽滿後尚
應用鍬於坦上刨挖一坑用簽橫打如有此病立見滲漏此
乃收工時查弊之法如果分段總催之員終日在工梭織巡
查凡一舉一動皆所目擊實力坯坯錐試又何從包邊作弊
耶此所謂有治人無治法也再收工時須辯土色純係沙土
滲而不漏新淤土飽則滿飽漏則大漏必得兩和土重硪套

打者錐錐滿飽百無一失

估計增培土工

近年以來河底有日高之勢大隄增培在所不免必須預爲估計估計之法大約以盛漲水痕爲準如一廳內通工水勢長落尺寸大概相同水痕尚有把握儻上汛大下汛小或上汛小下汛大其中必有所以然之故如下游有分洩過暢者則下小或本工中有淺阻則下亦小或下游有淺阻之處則上小而下大此亦理所必至然分洩者可堵淺阻者能通則明年水勢大有不同估工者於水痕之外再加斟酌則得之矣至黄河長隄向以頂寬三丈爲至窄近因工程太多僅加

子堰亦必得頂寬一丈若寬至數尺似非愼重要工之意坦坡必須三收總須將舊隄按坯粉開庶得新舊合一如舊隄有洞穴必要挖至盡頭再行填墊否則雨後即成浪窩如係沙土加估包淤斷不可惜些小費致貽後患隄頂須留二層臺以便料車往來如子堰過高須將隄頂加培以低子堰二尺爲度至臨河近者亦須佐幫壩臺以備廂埽

估新隄

估築新隄之法必先度其形勢之曲直再相其地勢之高下然後酌定長短高寬之數庶不至情形失勢高窪失宜如裡坡寬三丈黃河堤底外坡則須寬四丈蓋以外築坦坡多可

緃水勢耳其所按丈尺高低寬窄每高一尺應收分若干以成內陡外坦大抵陡坡收三四分坦坡收六七分爲是又必擇定老地方有好土勿近窪下致多浮沙先用水平打探逐段丈量分别高下樹立封墩然後始計土方如估高一丈頂寬三丈底寬九丈此潘穎川先生所論六收法也每高一尺兩面各收三尺坡長三尺一寸六分二釐三毫乃合走馬坡式若遇一段較兩頭地勢窪一尺則將此段估高一丈一尺頂寬仍三丈底寬應估九丈六尺蓋六收之堤每高一尺則攤六尺故將底寬應加六尺也窪二三尺者照此遞加或遇地勢較高亦按此法每高一尺減估底寬六尺實估高九尺

底寬八丈四尺頂寬仍估三丈總期堤身不可或有寬窄就其地勢之低昂酌量估計庶工程告竣方可通長高寬一律平整卽使水至堤根亦無窪下漫溢之患若不按地勢高下加減收分非高低不一卽坡陡難上倘逢居民稠密之處地勢情形有所限制土性堅實則收分酌量通融亦未可膠柱鼓瑟也

估加高舊堤

估計加高堤工應按所加尺寸每高一尺收分六尺併共高收分及所估頂寬爲底寬如舊寬不足照數估幫遇有舊頂窪下先估加平次估加高庶底足頂平高寬合式若籠統牽

估必註明上下左右各高以便量收否則高低不平坡陡失宜遺累承修矣

估加幫舊隄

估幫舊隄遇內外地勢高低一二尺不等及坑塘低窪必將低處估與高處相平再估加幫乃爲妥當否則將低處加出所低收分應該底寬另作一估方得上下應勢坦坡一律若連低處俱照現幫底寬牽估不但坦坡寬窄不一上下不能順勢且恐土方不敷貽累承修矣

挑決口分水引河

掃灣決口有奪河之勢難以堵塞者必須挑開引河使正河

水弱堵閉自易急審決口上流對岸老灘用水平打量地勢不致高低形似耳朵或似葫蘆方可挑挖即於上流陡崖形少凹處置引河頭貴於迎溜至灣灘盡頭處置引河尾以歸正河先於此間挑挖河身河身不宜太窄恐受水無多遽難挽溜以入河新挑寬須六十丈或四十丈即窄亦須十餘丈如面闊十五丈底闊十二丈或面寬二十丈底寬十六丈不宜太淺恐水不全掣勢緩則墊須深一丈至一丈二三尺不等涯勢欲陡河長約一二千丈至八九百丈方掣溜有勢過爲短促便不能引溜成河恐水流未舒爲正河所抑洄洑旋淤河頭須大河尾須小如河身太直固屬節省錢糧又恐直

則平緩而無波瀾湍激之勢久亦漸淤故河身須寬濶屈曲河底一律深通上半段則間段挑挖橫坑少留土埂使水入之時激湍沖盪其力方猛總之凡挑引河須隨黃河大勢開挖俾河形迎溜河尾洩水中間灣處急溜沖刷漸次河岸倒卸或再於河頭築接水埽壩河尾築順水埽壩對河築挑水埽壩更爲穩妥又如河形不順另開引河而別作一道者河身開就疏河器具預行備置俟汛水大漲之時將河頭河尾開通引溜土埂盡行開挖河頭迎溜處開溝三道並各刨挖深坑多積船隻停於下唇或做船壩或於下唇下埽以逼水勢頭刷之間河便成矣此開黃河之引河也如開清水之引

河法亦如之惟水勢力弱河身涯勢欲坦如面寬十五丈者底寬九丈面寬二十丈者底寬十二丈深一丈至一丈二三尺不等凡有土埂俱須刨淨不致阡墊河身庶可經久倘開放之後水勢尚緩則又須用濬沙爬杏葉爬柳葉爬等器具駕舟於河頭河尾之上下不時疏濬必令暢流而止如舊河水涸即行堵築使溜轉趨引河盖引河之水暢流則決口之水自緩堵塞不難矣

勘估決口分水引河

奪溜口門正河受淤必近如先係分溜漸成奪溜者正河受淤必遠近則千餘丈遠則數千丈至萬餘丈不等估計之法

首重河頭當於大河新轉灣之處深水陡崖有吸川之形者方爲得勢河頭既定以上口寬五六十丈爲主下口與引河同先於河頭灘面較量灘高水面若干挑深若干計可過水若干約計開放時大河尚應落水若干金門收窄約可擡取水勢若干仍可過水若干總以過水一丈外爲準其河尾直估至未曾受淤處現有深水大塘爲止此下如再有高仰處抽溝足矣至於河身愈寬愈妙然經費有常限期嚴迫不得不定以限制大都河裏挑河底寬十五丈照二收隨估挑之深淺以定口寬之丈尺老灘挑河底寬二十丈口寬亦照二收總視土頭是淤是沙沙土不妨少窄淤土尚須加寬仍須

循舊河形因勢利導蓋走溜之處土性多沙挑挖易爲功淘刷亦易見效倘舊河形內間有稀淤當量淤之深淺如深不過二三尺此下仍是沙底尚易爲力加稀淤過深亦當繞越避之而繞越之中又大須斟酌蓋工有易辦有難辦有必不能辦者易辦之工固不必言難辦者亦不過畧爲費手其必不能辦者於該處本有深水舊塘逐漸淤平面雖沙土下必稀淤竟有深至二三丈今估挑深丈尺尚不能及老底往往隨挑隨塌竟有運土山塌去者此等工惟老灘上有之估工時必須帶同土著老年人詳細問明設法避去不可因避淺淤反遇深淤之處更爲棘手惟在勘估者悉心訪查耳若就

舊河形勘估地勢高窪不一篾繩鬆緊不齊須用竹篾逐細丈量掐段宜短不宜長短則一目了然長則易於忽畧且估工時大河甫經斷流兩灘非水即淤舟車所不能至竟日泥行少不細心必至舛錯倘河形內尚有涓涓細流當以水平爲準較有把握仍須大員再加復估庶得確實如應挑工內舊有險工對岸淤灘高厚逼溜側注埽前兼之壩台土性純沙後無重門保障趁此大河乾涸時於對岸灘上挑挖引河將舊河築壩攔截河流復故時使溜走新河則險工可閉此亦萬不得已之一策如舊河稍可支持萬勿出此蓋灘上新河斷不能如舊河之寬闊且兩岸壁立河流到此一束勢必

奔騰沖突南岸坐灣則北岸新生工段北岸坐灣則南岸新生工段況一灣變則灣灣變其害不可勝言諺云生新不如守舊不可不知也

新河挑法

凡挑新河應照立定封墩河勢曲直算定口底土方酌定挑法如口寬十丈底寬四丈牽寬七丈開深一丈每丈計土七十方以次遞加寬窄深淺算法相同做法先挑底寬或少口二三丈留大蹬寬尺餘或二尺酌量收分乃得其要如口寬十丈內去底寬四丈餘寬六丈以深一丈歸之得每深一尺應收分六尺折半得每邊各收三尺凡挑至深一尺每邊有

留蹬寬三尺兩邊共收窄六尺十層收至底則每邊各已收至三丈兩邊共收六丈餘存底寬四丈深已挑足口底二數俱成然後將兩邊所留之蹬一鏟削至實邊工夫往來既便遇雨不致沖卸淤河又不凹面法當如是若挑深見水須分段四圍開溝四角挖井水歸溝內井中用斗戽乾則中挑乾土或分塘挑挖中留土隔先將下塘挑竣放上塘之水於挑成工內再挑上塘或由一邊搶挑一溝多用人夫淘深至五六尺一邊層層留蹬空水溝內長令人夫戽水亦得挖挑一面乾土一面再挑溝至河底深若干而止又或於河心通長挖龍溝一道寬二尺深二尺隨層挖下將河分爲兩面俟深

至二三尺再挑彼面必令兩面高下二三尺方不致因大雨
誤工

定方價

從前大工興舉調撥民夫原有一定例價今則官爲召募方
價日增而辦理不易在百姓焉敢居奇實因食物昂貴所致
歷來大工引河雖
奏明土方加價每方給銀三錢四錢而外間竟有加至五錢及
八錢者此固不足爲訓惟近年來辦理大工在上司無不酌
定方價發給工員而工員領銀後先給夫頭錢文名曰底錢
四處招徠惟恐夫不足數迨到工後需索飯錢爭多嫌少間

有問及方價者工員皆以道工大例爲辭從無明示價值者及至工將完時始有一二工員酌定每方錢若干而每分工內總有强悍者數人爭先吵鬧依恃人衆誅求無已工員惟有將强悍者於衆夫方價之外暗中多給錢文自然安靜在狡黠工員頗能設法安頓而忠厚者受累不淺爲工員計與其受累於完工之後何如明定於開工之前愿者相從各無爭競無如結習已深牢不可破再四推求其故有二在强悍人夫射利含糊以圖索詐不愿彰明狡黠工員藉强悍以欺良善反可沾潤上下相蒙莫此爲甚若不明定章程何所底止而章程尤難定者工有緩急深淺之分土有遠近淤沙

之別倘一經舛錯反起爭端今姑計定以繞淤就沙即間有一二段不能繞越之處不過百分之一察看情形另爲津貼出土則定以二十丈儘可按夫計土每夫一名每日食用約需若干文每日出土六分至二分不等當按坯定價每夫每日除食用外尚餘錢三四十文良善人夫自可踴躍趨公爭先恐後惟在嚴飭工員不許絲毫侵扣亦不得任意加增務使通工一律從此狡者無所用其謀强者無所逞其力倘遇大有之年米價較賤則量爲酌減庶可節錢糧而安良善此事須總理引河之大員主持定價通行遵照倘僅一二工員創議定價則勢寡言輕恐衆心未足歸咎發端之人閧塘夫

散不可不防

分工

河既估定即統計土方數目劃段分工先將河頭劃除或一百丈或八十丈另候搶辦自河頭以下爲第一分但計土方之多寡不論丈尺之長短約計土一萬五千方爲一分每分派官一員領辦按每夫一名每日出土四分計算限四十日完工即需夫一千名方能如期完竣以一官領夫千名照料亦甚不易故不宜過多也所派工員衆多賢愚不等豈能盡皆歷練應悉心遴選每隔四分派一誠實孰諳之員承辦令其照料下四分則生手亦可借其調度不致人夫刁難縱有

狡猾之員而上下段皆切實挑挖有尺寸可以比較亦不能獨為偷減倘有難辦之工應選幹員承挑不在閒派之列此乃先事調劑之要策如工段太多即酌分段落專派明練之員分段查催再派大員總司其事周流料理庶可上下一律惟工員開工時即存取巧之念或就高崖或凹窪處不拘上下形勢惟利是圖亦當派明正大員帶同原估之人逐段簽釘口橛以杜其弊除工頭工尾應釘外如分段太長按五十丈再加釘一根上加花押灰印蓋以麤碗用土封培謂之封墩俟工完驗收時方准起除以驗寬深丈尺所釘之橛於查工往來之際隨時察看恐不肖工員積猾夫役暗中拔起拔

高一寸則河底少挑深一寸矣

辯土

挑挖河渠當先分别土頭倘分辯不清一樣挑挖鮮有不成累工者前人所分不過沙淤兩種而淤土中有乾淤嫩淤稀淤夾沙淤之分沙土名色不一如飛沙泡沙鐵屑沙則皆係乾土尚不難挑挖此外如水沙青沙鐵板沙馬牙沙扯皮沙其性易乾先將子河挑深俾沙中之水滲去亦易施工惟淌沙翻沙最難爲力今將各土挑法開列於後辦工之人能悉心講求於此外再得簡便之法是所望焉

一乾淤性堅硬鍬挖費力較他淤爲易辦

一夾沙淤層沙層淤厚不滿尺淺則易爲深則費手其法以沙帶淤先將沙面曬乾人得立脚即在沙上插鍬連下層之淤一齊挖出再於下層沙上逐層照做萬不可在於淤上插鍬亦不可貪多接連下層緣沙中含水上下被淤蓋托水不能出其性澥淤爲上下沙中之水所浸其性軟一軟一澥易於摻合一經摻合淤沙不分俗名謂之鬬套人夫能立而不能行鐵鍬易入而難出幾至束手受累無窮遇有鬬套如深一二尺用料捆把一尺長三尺豎下工內名爲墩子分行安置上用寬厚木板縱橫搭架使人得來往其上沙多則稀淤淤多則稠稀用勺稠用鍬於一處儘挖用桶兜擡出此處漸

窪四處游來挖至未曾蹂踹鬭套之處再依以沙帶淤之法做之即可成工如鬭套深四五尺用皮篙繫十字馬腳上安拉木照墩子分行安置仍搭架木板照前撈挖若深至丈許則照稀淤之法治之可耳

一稀淤怕寬不怕深緣挑河之口多則寬三五十丈而淤套竟有百餘丈者其性如水可以載舟此等之工先量深淺如深同估挑之數則上下築壩攔格將上下兩頭工照原估加深挑挖數尺挑成後將壩起除放淤於上下河內可以隨水而去此爲難中之易事若河挑二丈淤深一丈除淤之外尚應挑一丈雖放淤於已成工內而下深一丈之工無岸無邊

仍難措手其法先於應挑口寬處用淨沙土夾澆順河壩高出淤面一二尺淤寬則頂寬丈許淤窄則頂寬三五尺泡沙尤佳以其能收水也兩岸澆成須用車斗戽撤至硬底審明土性依法挑做

一嫩淤先分深淺次分寬窄其深一二尺者於邊口挑挖五尺寬溝至硬地俗名謂之抽路須一二丈一道使其透風易乾若深至三五尺寬數十丈崖口不能站立則緊套枕或三丈一路或五丈一路間格成塘於枕邊撥挖至硬地即跟底前進倘深至丈餘之外則照稀淤做法先夾順河壩次下皮篙馬腳搭架木板分段撈挖用布兜擡送遠處時加測量深

淺得能下套枕即下枕分塘撥挖較馬腳跳爲迅速倘遇嚴寒結凍則逐層揭起凍塊更易於挑挖

一膠泥油其性滑尚不致蟄陷分塘鋪板即可挑做然亦須先挖子溝以防陰雨

一淌沙即油沙又名澥沙其色黑其性散含水不粘遇此等土最難爲力緣不能抽溝空水法於淺處用乾沙土打堆周五六尺高一二尺於堆頂由內向外輪轉翻撥俗名謂之打井子得一席之地即有崖口堆分數處接連搭架木板抽挖一層將水撤出再於中心打井即做子河空水逐層打井挑挖雖數尺亦得成功惟淌坦不能站往耳

一翻沙爲沙土中之最劣者此挖彼長朝挖暮起無數小堆形如乳頭中有小眼冒水偶於空中冒氣聲如炮竹此乃上下油淤深厚蓋托日久一經挖去上面之土水氣上升之故必須用水壓之其法於河中横疊小埝高二尺寬一丈或二丈或三丈間格成塘引外水入塘或挑水儲塘内深一尺餘寸養一晝夜使水氣舒通次日將塘内之水戽撤下塘養工於此塘中間用木板長五尺寬五六寸者順安雙行中留一鍬之地另將木板横安爲出土之路鍬手挑夫皆立板上先將中心一鍬挖出將板翻移一位跟崖倒退遞挖遞退將此一層挖至河口其冒水冒氣處漸挖漸少再將下塘之水放

儲此塘又蓄二層卽將下塘安板鋪路照前退挖如沙長百丈則多疊小埝格塘倒水分投挑挖仍能依限完竣

興工

分工之後各工員親自到工將所分工段逐細測量原估與分工有無舛錯或形勢不順或丈尺不符卽一面通禀一面請分催官覆估以憑增減如一無錯處卽應開工先於工頭插大旗一面上寫引河第幾分並排簽一根寫明原估段落寬深再將上口底口一齊簽出用尖角小旗長十丈插一面以清眉目

插塘

工已認定卽須插夫興挑當查所分工內原估寬深丈尺假如原估底寬十五丈口寬十九丈深一丈每丈土一百七十方限四十日完工卽每日應出土四方二分五釐按一丈深河每夫每日約可出土五分餘則每丈插夫八名便可如期完竣然四十日內難保必無風雨耽延每丈須加夫二名通共十名不過三十餘日卽可竣事卽有風雨亦不至逾限再人夫到工總口稱共有夫若干可以插塘若干丈及至插塘所到者不過十之五六若輩只圖土多不知限緊只可儹已到之夫插塘毋爲夫頭所悞擱工時人夫未足寧留餘地不可插稀如有餘地則後來之夫卽可安插不妨稍遲數日如

前工每丈十名按土扣日增添夫數即可趕副定限倘貪插滿名色任意稀疎則日後雖有夫來斷難添入不可不知也

子河

凡挑河無論寬深若干總以得底爲先蓋底土難出腮土易挑而人夫插塘後大都先搶頭坯面土一經陰雨則滿塘是水無土可挑故必先搶子河有子河即逢陰雨尚有腮土可取不致停工以待子河以底寬二三丈爲度要照原估加深一二尺以備雨水沖墊不至再爲費手搶子河時務須多覓好長把鍬在於子河內兩面撇土較爲便捷再引河雖經估定而河灘高窪不一難保其必無舛錯子河挑成試放清水

如有高仰之處立卽加深自得建瓴之勢矣

出土

人夫到齊後先於離河口二十丈或十五丈開挖小溝一道口寬三尺深三尺用板墊路凡各塘應出之土令其於溝後十丈外堆起以堆高八尺爲度續挑之土再起一坯照前逐漸加高此十丈內只能堆土七八十方如原估土方過多則所出之土不敷堆積卽須再往前數丈堆起總以退至溝邊爲止溝前不使堆土凡人夫出土未免隨路零星拋灑須於每日散工時各塘自令打埽乾淨以杜墊崖之漸至每塘人夫多寡不齊勤惰不一必須每日按塘科計出土多者獎賞

少者申飭則人夫自能踴躍爭先如有一塘獨高者謂之累塘或酌量添夫或設法嚴催倘竟不能趕辦者祇可另募人夫方能無悞每塘埂界應令扯線分清隨坯銷除不任存留庶免放河時又多一番之用

治水

河裏挑河首重治水水去則土鬆而易挖水存則土堅而難挑此土性然也當先挖龍溝使水有去路或二十丈一條或三十丈一條或用水車或用笆斗水車利於平水陡崖則不得力笆斗則無所不宜用笆斗須做水盆以高二尺爲一層逐層遞安至河底爲止須用牛皮蓆片柳橛軟草等物先爲

南京湯明林刷印工廠印

置備仍須覓真淤土細心盤做務使涓滴不漏若一盆漏則各斗俱停笆斗繩索亦然不可不加意也笆斗紮口應用竹片爲上如柳條紮口則入水不利每斗一個用夫四名以便歇人不歇工夜間戽水尤爲緊要必須給以燈燭專派能耐勞苦之人實心經理始可見功否則徒費無益每當清晨查看各分挑土河底乾者其工必速有積水者其工必累此其明驗也再附近若無窪地水無去路則須築埝圈水此應刻刻小心防守既怕風暴尤防溢決不可不慎倘挖有地泉水泛不止舊法以鐵鍋扣之上加土壓住或用無底水甑高出水面四尺罩之不致上泛此亦一法統俟河底挖完再行除

去

估用水車水斗

承辦河工須用水車每車一部日車水四五十方當用之車按工長百丈用車一部遇河深水大照工長量爲增減車舊河積水須添短車每三百方用車一部要先算出通工水方以每車每日四十方計之擬限若干日車乾核用車若干部如限三月車乾卽令工夫於第五日到工方不致虛費柴米若不預先籌妥臨時難免掣肘水斗每個日戽水約二十方如水車無多用水斗三個可抵水車一部

懸賞

工程已有四分亟須懸賞應於官棚前設立木架將錢齊掛架上頭塘二十千紅布一匹二塘十五千三塘十千四塘五千庶各塘人夫踴躍指日完工

跑筐跑號

跑筐爲挑工所忌如係沙土亦可跑筐務須尋好長把揪在子河內撳土撳至岸上再令人夫上筐自無妨碍亦須先留馬路或以板墊路否則滿塘稀爛無駐足之地矣跑號仍用本塘人夫一塘爲一號一人可跑五號先於五塘適中之處地上挖坑五個如過一筐或一車報明某號卽於某號坑內丟一錢散工後算賬某號共若干再爲給價此比跑筐無踹

塘子之病惟人夫不能增添耳如工程緊要亦趕辦之一法也

搶辦河頭

引河頭當迎溜開挑方成吸川之勢若挑挖過早或大溜刷進徒費錢糧溜或上提下坐不能得勢故必須俟大壩口門收窄溜勢趨向既定或可開挑遴派幹員先於河頭外築寬厚土壩一道掛枕攔禦小心防守將河頭劃段分挑上口寬五十丈底寬三十丈爲率下口與引河頭第一分相同其深應較壩外水而深一丈爲度愈深愈妙使開放時跌塘吸溜方爲得力此段挑工地短土多最難插夫如地勢出水較高

刷印工廠印

者先用小車起土一坯若地形本窪應分五路中一路安筐兩岸各留兩路安車再用長把鍬先搶子河一俟子河得底即向兩腮捲起揷方之外再加跑號庶可不悞大都挑引河頭之限不過十五日寧可河成等壩斷不可壩窄等河河既挑成即於河頭攔壩外另做替壩仍須小心防守將攔壩預爲挖除淨盡以備放河

搶辦累工

如此估計如此分派似不應再有累工然亦不能不計及此大都累工不一有人累工者有工累而人不累者有工累而人亦累者人累工者工本易辦因工員不善經理以致工累

此等工須令分催明白教導一能改過便有起色如怙惡不悛立即掣回嚴懲示衆一面另委明白工員接手辦理務令將人夫佈置妥當再行開工不妨稍遲數日按日計工密密插夫仍可依限完竣工累而人不累者工本難辦而工員曾經辦過累工尚能設法搶辦惟因方價不敷所致此等工須令分催總催確切估計酌加方價仍令本員撤手辦理亦不致於逾限工累而人亦累者工本難辦工員又是生手只可另委老練之員照搶辦累工之法上緊趕辦庶不致有悞總之開工數日分催官往來查勘某段先起某段稍遲某段稍累某段大累自可一目了然如有累工即先期稟報以便早

爲料理萬勿因循臨渴掘井則所費不貲矣搶累工法照辯

土章程

運河挑淺

運河挑淺若工長五六十丈者先將河邊可做龍溝處每丈派兵夫四名挖一丈二尺寬龍溝一道溝底比河中水面深一尺長要過出工頭三尺工尾五尺以便宣洩上源水勢次將成河工頭縶攔河土壩一道頂寬五六尺高於水面三尺工尾縶土壩一道頂寬二三尺高於水面一尺或用水車二部或每二丈用水斗一個專人督催務將塘水一夜戽乾次日用熟諳鍬手十六名各給牛皮襪一雙照應挑寬深開挑

跑簰如河坡泥淖用軟草鋪路二條以便夫土上下必一日搶完方無後累否則難免防壩車水之費矣所煞攔河土壩或從一頭進土或兩頭並築總要留埂處爲口門俟築至其間紮長二丈高二尺埽占一個下於口上簽樁六根以便合龍如淺處綿長用倒塘法先將河邊挑通龍溝正河內煞上中下三道土壩分爲上下兩塘先將下塘車乾戽完再開中壩放水挑挖上塘俟挑挖完竣於上塘之上再接一塘工完爲止至挑溝之土即撤溝外取以築壩此挑淺之大略也

閘河偶淺急疏法

凡閘河淺處如水溜在中須兩岸築丁頭壩以束之水溜在

旁將淺邊順築束水長壩以逼之水由壩中其勢自急中溜自深如淺處不多或排板插入泥內逼水湧刷或排小舡用杏葉杓挖濬必不得已則用椿草製活閘束水亦一策也

預備米麵

挑河之處多係荒郊離市集必遠衆夫雲集口食繁多商販遠運而至其價必昂一遇運朝陰雨更虞缺乏挑土之夫不敷糊口勢必散往別工承辦工員應預向附近集鎮購定米麵源源運送至工按每分八夫十名爲率每日每人喫米升許麵則約二三觔分撥米麵並賣照工次時價每升每觔略減一二文只許本工之夫買食凡本工人夫皆有棚子每棚

夫幾名給一腰牌以便稽考如此則衆夫略沾小利必盡歡欣鼓腹不復他往而每棚人數多寡藉以稽查且市儈不致居奇成本仍無虧缺惟在經理得人一舉而數善備焉

禁止燈火

近有一班惡棍專以賭博打降爲事每逢大工必結黨成羣以擡土爲名混入夫內名爲工混到工後搭蓋窩鋪或挖地窖招集各夫張燈聚賭從中取利姑不論其盜賊火燭從此多事即使挑土人夫一日力作所得錢文僅供一擲之用甚至徹夜鏖賭必至次日倦乏不能下塘爲害不淺此其最甚者也其次各本棚人夫已屬不少亦有自聚夜賭者開工之

始卽出示嚴禁夜間派員巡查各棚不許點燈則賭風不禁而自止矣

收工

照原估丈量口底寬若干深若干至於勢崖不特有信樁可憑老灘有草根麥芽嫩灘有水波浪紋一目了然不得絲毫假借兩坦須照原估收分不許鼓肚至於各交界壩根務令起除淨盡如留高一尺卽攩水一尺必須嚴切號令土山如有間斷處一令補齊以免漫灘串溝之病

開放

引河旣成後開放機宜爲通工第一關鍵在掌壩將備無不

欲早開一日則壩工早輕一日而引河各員惟願俟將合龍時再行開放欲藉壩工擡水更爲得力此二者均不免私見總應看兩壩頭水底土性如何如壩頭進一占得一占毫不刷深無妨多進幾占金門收窄至六七丈始行開放倘壩頭底子不好隨進隨深則收至十五六丈即須開放蓋水去一分則壩工輕一分庶壩頭不至再爲刷深合龍較易爲力萬勿選擇日期惟察看風色溜勢齊過河頭便是極好機會一有可開之機即刻動手若少有拘泥貽悞不淺至於冬至後天寒地凍滿河冰凌不可輕放曾見帶凍開河河頭爲冰凌擁積涓滴不能下流以至壩工失事然此非臨時所能斟酌

必於大壩口門收至三十丈時當先爲留意否則欲進不能欲停不可悔之晚矣至於河頭溜勢變遷不一有勘估時極爲得勢及至臨時或上提下坐溜勢開行河頭外新有水灘上提者挑接溜溝下坐外開者應於新灘上順引河下脣做小柴壩一道直至深水處再於水灘上離深水不遠處築横埝攔截戽水趕挑其埝外水底之灘脚則非人力可施俟開放時只開口門一道水勢高下懸殊奔騰下注且一路水力專而猛水底灘脚自能頃刻跌去何慮大溜之不歸故道耶

刷印工廠印

河防輯要卷之三

合肥周家駒子昂甫編輯

埽工類

埽工做法

一舊埽前眉朽爛如何拆廂其法先較量隄高埽廂若干舊埽出水若干埽外水深若干如埽出水一丈埽外水深一丈前眉朽爛卽看前眉腐朽多少如水底柴眉齊整只拆高一丈入水二尺共高深一丈二尺拆寬二丈務要拆見底柴丈尺均須拆足不可偷減前後一律相平不可預留底土必須用長整柴料廂做用新淤土壓尺餘厚再用騎馬加廂第二

坯柴高一尺五寸壓好淤土一尺如此層土層柴方能如式所有拆槽舊土斷斷不可用於底坯蓋舊土力之性鬆不能禦水只可留壓埽面亦不致糜費

一因前次加廂時眉土過厚未曾挑去致埽張嘴刷去肚土抽去柴眉空虛至五六尺如何廂法其法先量埽出水若干埽外水深若干如埽出水一丈水深二丈先用小船著人用丈杆測摸埽身空隙大小淺深是否平整將後臺無論寬窄拆與水平前眉用鐵抓鈎拉撈淨盡寬丈餘用丈杆探量埽上水深若干打橛掛纜廂做小軟摟纜住前眉柴要斜廂加壓新土勾繩攢緊上橛再用騎馬加廂可期穩固

一舊埽工長十丈內有中間工長四五丈埽底空虛如何拆補其法應行拆換前眉直到整齊之處先探摸上下兩頭未塌之處齊與不齊用小船在於外首細細看其情形探量水深若干用丈杆再摸水底之埽如係整齊就空虛之四五丈挖坦坡下去動料廂做亦必酌留臺子不過尺許斷不可太寬後身打橛掛纜用船担纜軟草細細摟做上首用軟草搭做倒眉下首亦留眉子上下水總要摸到如有不齊之處必須軟草填塞以防伏汛溜勢刷動新埽行盤跟廂

一凌汛防範未周以致擦損埽眉前眉形勢垂頭如何廂法其法應先將前眉土起去復將後身柴土拆淨深三五尺寬

二丈用柴細細廂平下明騎馬或籤小樁用土須細細跟下不可加用重土必得後身拉廂一二坯方用重土始能如式穩固跨角處用齊板打圓不致裹溜爲要

一埽有腰洞如何補法此皆因平水之埽被溜撞刷急於搶護一時柴料未能應手多用雜草闌護而水勢隨又加長不消復又用柴搶廂眉土未經起除雜草亦未去盡迨至雜草朽腐故刷成腰洞之原委也其法當用長丈餘木梯用繩繫下著老練看埽兵跟梯下去按照腰洞大小捆紮柴枕並用柳籤釘入填實整齊不任絲毫空隙以防抽拔吐柴汕刷肚土此亦不過一時權宜之計春工內總許拆廂也

一年久舊埽埽面高窪不平埽眉歪斜應如何拆補其法拆廂工段只能拆平水面入水二三尺不能刨挖到底若估拆埽面未免上實下虛有糜料物只能先將埽面用料襯平埽外猶洞即紮柳枕或短小柴枕著老練打齊板兵目用柳簽簽埽腦細細釘入插補齊整抑或酌量圍廂以資擁護綏至伏秋汛水長之時必須將應用料物繩橛竝捆廂船隻先爲預備如果溜勢撞刷全行蟄塌臨時相機補做方能一勞永逸

一舊埽工長十丈內有六七丈埽底空虛如何拆補其法先量水底埽眉空虛若干埽外水深若干埽出水若干再用小

船探量埽身空虛若干先著隨壩夫用鐵抓鈎拆去柴土拆至空虛之處再用丈杆摸水底之埽眉是柴是土再挖坦坡埽身打橛用船掛纜如水底是柴先用軟摟嫩嫩摟成於摟上簽肚樁如拆廂二丈者務要拆足照二路簽釘其樁用尺八九木再用大土追壓合式上再丁廂層土層柴下明騎馬廂做以防伏秋大汛

一舊埽全行塌去如何補廂其法先用丈杆細摸有無舊埽存底是否平整再看上下段之寬窄如下段寬三丈者務將下角撐寬三丈五尺為度不可再往開做上首只宜收進務要柴土均勻不可前後多少如後身土過重將攬擠出必致

前眉伸腿總要派令諳練椿埽効用專管壓土摟將做成後將下眉腳用榔頭打成圓跨角不致裹溜然後上再釘廂離摟皮一尺五寸包眉釘廂上勾多用八夫攢緊上橛跟壓土一坯務要下明騎馬方資得力於後身用軟草塡飽埽眼不致有串水坐蟄之患更須分別順溜迎溜拖溜如順溜拖溜者摟不得過老恐底土堅實溜勢不能刷動摟又不發扁以至水消漏出原摟於水面迨來往船隻致將摟皮繩纜擦損彼時雖不塌卸及到水大之際漸見抽拔柴土甚至摟亦塌去做工時故必先摸底爲要如底係軟沙新摟不妨勾老以防行蟄跟廂如水底土硬應將摟做嫩些設若水深一丈即

可做摟一丈一二尺傢伙毋庸還勾上再丁廂三四尺再行勾纜攢緊上橛不能漏出方壓大土即經冬汛冰淩不致擦損摟皮如迎溜埽段補還空檔先看下段寬窄再摸水底存土存柴如存柴者則探水底舊埽前眉遠近如前眉吐遠者不可跟做只可退進又防伏秋汛水長之際將底柴沖淨拔空必致新摟陡蟄游出摟身務須先釘肚樁以二尺內樁木長二丈餘尺先篙簽定使摟不致前游務用新淤土追壓實在上再加廂酌用騎馬如埽眉近者即應齊舊眉打摟跟廂務加大土追壓水底與舊埽合式不致有舊埽抽拔之患

一新工游蟄如何廂法其法先看後身有水無水再打埽前

水勢深淺如水不深即看上段情形如後身有水必係上段串水以致埽肚存水即陣水經過領埽前游當用軟草追填埽眼後身壓蓋柴土不得過重如埽前水深三丈餘尺比原做時水深必須跟至寬四丈方能穩固當將後身壩臺舊傢伙全行拉淨毋留纒繞再下抓子按五尺一路壩臺打連二橛或繩或纜用三條或四五條用大橛對頭攓緊再做眉數寸加廂一坯追壓大土三尺一坯寬一丈餘尺後身不過蓋柴土是要留毛土眉不必陡立因埽行蟄尚須跟廂故也後身務必坯坯帶廂高厚使埽前眉一順坡則後身實在不致於埽眼串水行蟄必照此辦理方妥

一新生埽工潰刷隄根如何廂法其法卽用小船探量水底是否平整如底平整卽應用大船打橛生纜先用軟草鋪底上又用整柴捆摟後身埽眼亦用軟草隨手填實使水不致串塌底鉤橛纜如做寬二丈者水深一丈餘尺層土層柴追壓到底鉤纜上橛凡捆摟之時水勢務要探準如水深一丈四五尺者做三四坯酌下沖心纜響如工長十丈者中間務用腰占二路再加廂壓土多著人夫跳實追壓到底摟出水三五尺再行還纜上橛打眉加廂跟壓三尺厚大土一兩坯方能穩實

一新生埽工隄身未蹋外有坦坡如何廂法其法必須偏夫

先行開挖餘土入水數尺愈深愈妙用軟草鋪底再行掛纜細細廂做前眉俱用整柴一律廂至後身做成一路即將上下兩頭空檔隨手補做齊全不宜久留免致埽身過水之患

埽工簽樁

捲埽簽樁河工定制自乾隆三十六年以後凡遇堵閉漫工即概不簽樁蓋樁木極長不過五六丈漫口水深至四五丈加以埽高水面二丈計高深六七丈埽心簽樁豈能入土即或水淺之工樁木入土亦不過丈許而上以四五丈之埽搖撼水中根脚不深何能存立埽工一有蟄動横鯁於中轉難加廂搶壓是以埽面簽樁竟屬有礙而無益惟歲修之工河

身形如鍋底埽工游蟄不止者則必應簽樁方能穩固應於春初水勢未長時將舊埽拆至水面盤壓埽底堅實每段釘底樁十數根計算樁木入土可以二丈餘尺打與水面相平然後層層加廂則腳根穩實無虞外游可長資鞏固矣其次則陡遇新險溜勢湧至急搶新埽抵禦者又當相機而用之不可拘執若尋常埽面簽埽則徒飾美觀祇足藉以練河兵之技藝而已

包堆料垛包辦夫土宜禁

廳員所管境內汛長工多豈能處處親自經理不能不任用幕友家人分駐各工人數既多賢愚不一求必能休戚相關

赤心任事廳員自知稽察難周遂有包堆料垛包辦夫土者計堆科算誠爲簡便殊不思一經包辦其弊叢生從此料垛空鬆埽不堅實目前之節省無多暗中之消耗甚大且釀成大險貽害無窮爲河廳者不可不知蓋料既包堆人思分潤於是門印有費廠書有費巡兵有費料未到廠已扣尅不貲工友再包於料販層層剝削所剩幾何必致胥役串同堆成花堆以搪一人之耳目況廂工時所需夫土錢文既係按垛計算則多用一垛即多開一垛之錢文又何樂而不堆空鬆之垛爲後來開銷地步耶此料垛之不可包辦必須設廠收買也至包辦夫土之弊初意原恐跑蹿偷竊花費故特定以

限制然錢文既有定數幕友家人豈能賠墊必愈求撙節每遇廂工遂以料抵土埽肚悉皆花土眉土僅高尺許用料多則開銷愈多用土少則用錢自少試思用料一方與用土一方其價值相懸豈止倍蓰而爲廳員者暗地喫虧竟無人計及於此良可浩歎況廂埽全憑土壓土輕則埽必鬆浮大溜一到輒致漂淌所費更不知幾何其病皆由節省夫土而起更有一種昧良之人利在搶險埽段已蟄猶以無錢坐視任意俄延往往釀成大患其害尤不可勝言矣語云疑人莫用用人莫疑派管埽壩之人必擇其肝膽相信者廂工夫土不限定數總之按用料一垛連土計單長若干單長多者用土

自多單長少者用土自少無他巧也廠房則多備錢文以爲不時之需則工皆堅實伏秋無險可搶所省實多矣

魚鱗壩

魚鱗壩卽小雞嘴壩或相去十丈或相去二十丈重疊遥接加鱗砌者也然此壩惟用于綏邊拖溜直河或攙用於摟崖順埽之內其頂冲埽灣無所用也至於座數之稀密多寡在因地制宜而已

挑水壩

凡建挑水壩宜於埽灣之上游相度水勢初灣之處酌量大溜離隄若干自河岸起約計大溜一半之處應築挑壩直長

若干丈如溜急水深則宜築磯嘴大挑壩自岸至溜全用埽箇如估建直長十丈壩面寬十丈方合大溜之半者則靠岸起手之埽應估下高一丈長二十丈埽一路外再一路減長一丈計長十九丈依次遞減至第十埽則共計直長十丈壩面寬十丈之數如水深高一丈之埽不能到底則照底埽之長加套埽一層或高幾尺或高一丈或不必套埽廂塡亦可總以堅固足資捍禦爲主其上下水雁翅下水須比上水長十分之三亦酌量斜長若干應分爲幾埽估計捲下如水淺溜緩靠岸頭埽則與頂溜門埽其長相等上下水雁翅或應下斜長順埽內用廂塡或不用廂塡相機估做亦以下水之

長比上水多十分之三爲度再如挑壩一座大溜不能遠去
可於頭壩之下相去數十丈或十數丈之處再做挑壩一座
接連再挑則水自開行矣然兩壩相隔中間之空處俱須下
藏頭摟崖順埽或一路一層或兩路一層即第二壩之下亦
應下藏頭順埽摟崖約至溜緩處爲度則堤堪鞏固亦無回
溜之虞矣大凡埽灣之處其未灣之先必頂沖直下惟前路
爲堤岸所阻不能前進然後折而爲埽故埽灣之處多由上
游俱係嫩灘或去堤太遠不能於上游覓妥當建壩之基不
能不就大溜灣處建之又恐對岸沙嘴逼近大挑則溜難舒
展必至出而後返致成回溜其爲險更甚則宜做扇面壩以

挑之扇面壩即挑水壩之圓而長其形如扇面者是也下水亦應估藏頭摟崖順埽附圖於後

又有堵築決口上游挑挖引河分洩水勢若引河洩水不暢應於引河頭對岸上游築做挑壩逼溜全歸引河且護西壩根基最爲緊要查引河頭應在深水陡崖之處對岸上游必有灘嘴挑水壩基此其處也萬不可過低低則斜長做去壩頭已在引河頭之下不能得力亦不可過高高則溜頭挑於引河頭迤上塌崖坐灣引河頭反成背溜最爲有礙必須恰對引河頭上唇方爲得勢總以看定壩基後先繪畫該處河面寬若干壩基離大溜若干來到大溜必是淺水應自壩基

順勢斜長每十丈插一標竿直至溜邊爲止共計長若干再於對岸崖上立一標竿與溜邊標竿緊緊相對緝量水面[illegible]寬若干再至岸上標竿量自引河頭上脣長若干則壩頭[illegible]再做若干丈可以約略計之惟壩頭一經着溜則上提搜[illegible]勢所必然然挑壩吃一分重則引河得一分力必當認眞搶辦萬勿畏難此乃離溜較遠之挑壩也更有切近大溜之工出一兩占即兜住溜勢搜後塲崖不得不於頭埽後接做護岸埽工竟有接長七八十丈而溜勢上提不已者若隨溜做工何所底止應於藏頭埽後如南北河形東西挖槽東西河形南北挖槽藏頭於內可以站住此等挑壩雖未多做埽段

然較之挺入河心者尤爲得力

此係挑水大壩若磯嘴壩其做法大概相同

人工料物看壩之大小酌減一半以下

扇面大壩

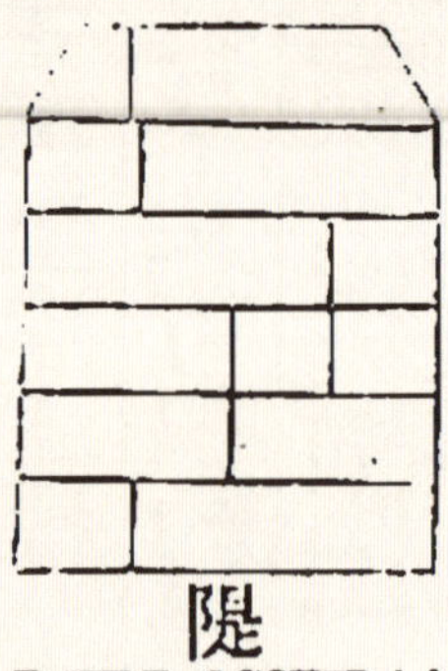

中挑水壩

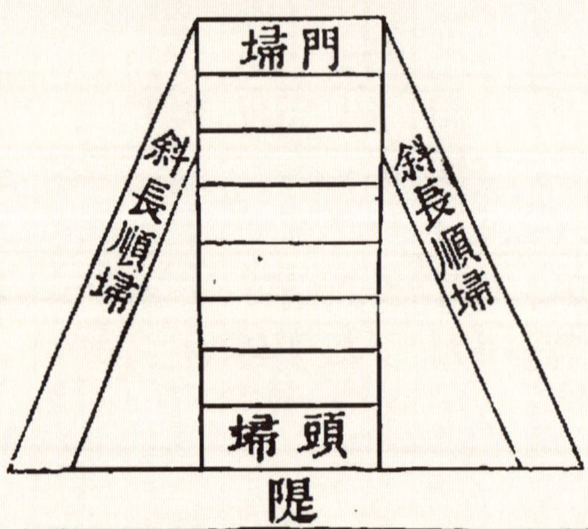

一刷印工廠印

攔河壩

河不可攔壩之所以名攔河者因正河上游長有沙嘴侵逼

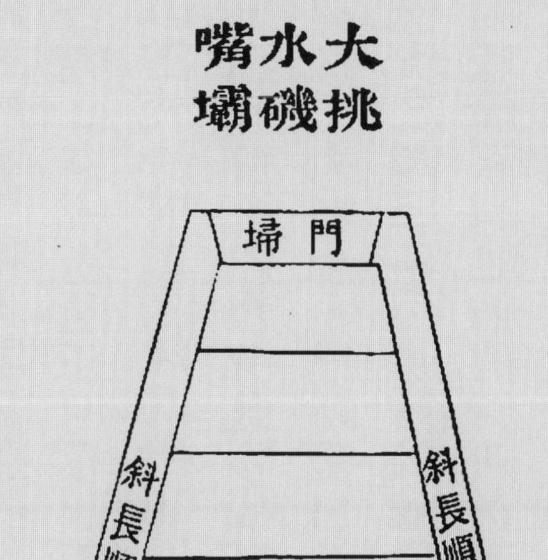

大溜不能直趨正河而正河之旁或舊有支河或原屬窪地水性就下遇坎即行且黄河灘地凡近堤之處必低於臨河三四五尺不等若不早爲攔截勢必愈趨愈下日刷日深近溜各堤必立成新險正河亦永不可復然致病之由始於沙嘴似當於沙嘴之上挑掘引河挽溜歸故殊不知新生沙嘴盡屬嫩灘難施人力況此沙嘴既能逼流改河斷非僅長數里寬數十丈之小灘稽時費日及引河告成無論果否有濟其保堤之費已不可勝計矣故急當正河有水之日或緊接大堤或倚靠高地稍稍斜向正溜初分處先築土堤一段或長一百丈或百數十丈至水際爲止其頂底高寬相機酌估

但此堤兩面或應廂護防風或應捲下順埽以防汕刷爲要其臨河堤頭一面則廂做馬頭挨次進埽務將埽簡進至大溜過半之處使支河之溜不能暢達自必仍分大溜歸入正河再看正河之溜如下埽後較前漸覺寬深則支河再進一埽如溜再增埽亦再進如此一闔一闢兩相照應不特故河可復舊險可平即上游之沙亦隨溜自去永無變遷之患矣如遇正河與支河分流之處去堤太遠亦無高地可就不能建立壩基則看兩河分流之中必有高地相隔俗語所謂龍舌者不防將壩基移入支河下流一二百丈近堤之處創立如進埽之後水已入袖不能退回則於龍舌之上循順水勢

開一引河亦必日見寬深復歸故道矣其進埽護堤之法亦照前例萬不可畏難終成害患也

石工類

建造石閘

建造閘座收束來源分洩異漲護衛下游相時啟閉乃湖河蓄洩之關鍵估建石閘其高深尺寸金門寬窄上迎水雁翅下分水燕尾之長短及建閘之方向應察看河道形勢來源大小酌定至何處應釘梅花樁何處應釘馬牙樁何處應築三合土暨面石裏石之如何鋪砌閘形各殊建做之法則大略相同如建閘一座平面海漫高閘底三丈一尺二寸上迎

水直長四丈三尺二寸斜長五丈四尺上口寬八丈六尺八寸上雁翅連裹頭横長三丈金門口寬二丈二尺由身直長三丈下分水直長八丈斜長十丈六尺下口寬十四丈八尺下燕尾直長四丈斜長五丈下口寬十九丈八尺下裹頭横長二丈石舌直長三丈上口横長十九丈八尺下口横長二十二丈八尺上三合土舌直長三丈寬十二丈六尺八寸下三合土舌直長五丈寬二十二丈八尺做法先將閘底槽土淌出用硪打實槽宜寬大方不致有礙做工照前閘尺寸兩牆共長五十八丈用一尺二寸寬厚料石連上海漫石共砌二十六層每層大轉角四處每處減一尺二寸小轉角八處

每處減六寸每層共減九尺六寸兩牆每層實用料石五十七丈四寸海漫石應砌三路第一路兩牆共長五十七丈四寸第二路照第一路減九尺六寸第三路再照第二路遞減兩牆面石每丈砌一尺二寸寬厚入裏長三尺釘石一塊面石之後襯砌裏石應襯二十五層貼底十層每層襯裏石八路中八層襯裏石六路上七層襯裏石四路第一路兩牆裏石共長五十六丈八寸第二路減長九尺六寸以下次第遞減裏石之後襯砌河磚亦襯二十五層貼底十層每層襯河磚三路中八層襯砌河磚二路上七層襯砌河磚一路均接裏石逐路遞減每路減九尺六寸丁一扁二每丈用河磚七

十塊襯裏石河磚層數無定應襯平由高深水勢緩急酌估墻石之下每丈密釘馬牙樁三路每路二十段用尺五木一木一樁裏石之下按照裏石若干路每路每丈密釘梅花樁二路用尺四木一木二截河磚之下按照河磚若干路每路每丈稀釘梅花樁十五段用尺四木一木二截海漫石每丈橫竪扣生鐵錠四個墻面石每丈扣生鐵錠兩個熟鐵鍋二個滿槽石底上自上迎水上口起下至下燕尾下口止均用尺二寬厚料石每丈橫竪扣生鐵錠四個石底之下照單長每丈密釘梅花樁三十段用尺三四五等木一木二截底樁打平於樁頭空縫處用碎石擻塞上築三合土五寸石底鋪

於三合土之上兩墻石磚後應築灰步土寬三尺由底至頂與海漫石平緊靠磚石築做兩牆啟閉用閘耳六塊下板石槽砌萬年枋二塊閘底上下口於底石下每丈釘鎖口馬牙樁三路每路二十段用尺五木一木一樁石底上口石舌下口每丈釘關石樁三路每路二十段用尺五木一木一樁石底上下口應靠關石樁外築三合土舌寬長照估定尺寸築做厚一尺二寸三合土舌之下須先釘頂土梅花樁留長每丈十五段用尺三木一木三截上下口土舌之外應釘關土樁二路每路二十段用尺五木一木二截兩牆各二十六層除蓋面石一層不用鐵鋦其餘二十五層及金門下板雙石

槽並迎水分水雁翅燕尾轉角裏頭十六處每處用鐵鋦二個牆石裏石河磚底石均灌灰漿附閘式於後

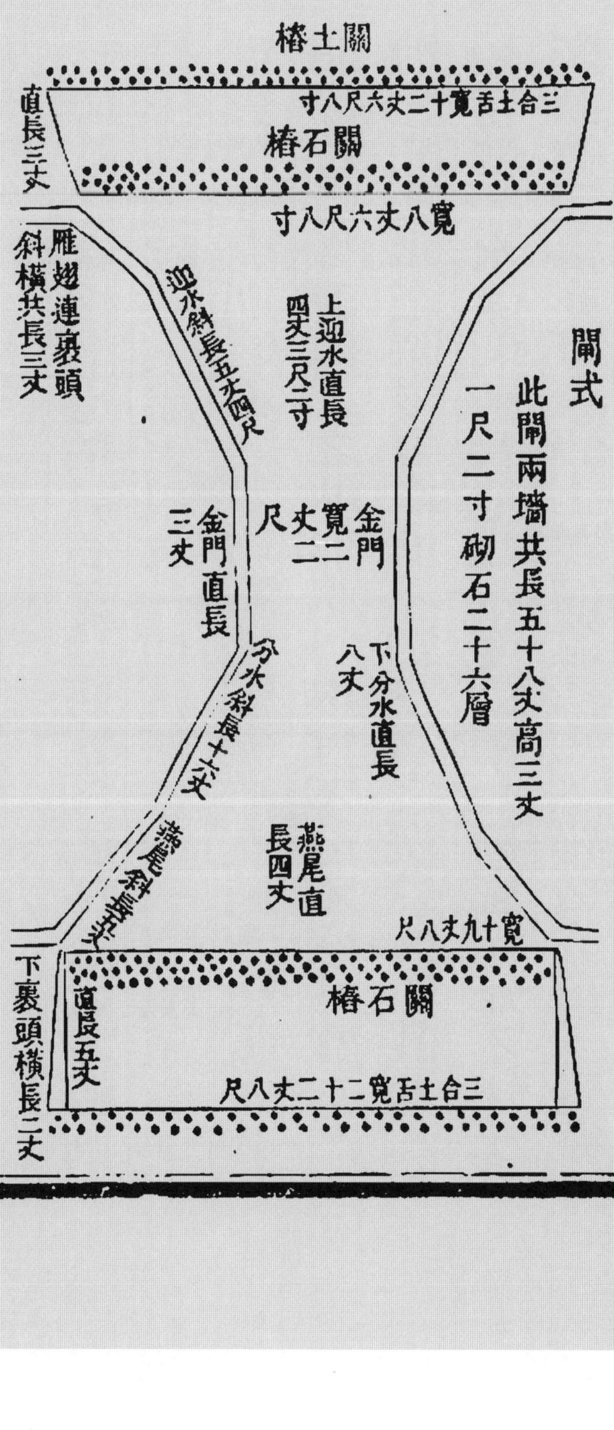

石工八則

一估計之宜細酌也估計石工舊有定例石塊尺寸木較固長生鐵鑄錠熟鐵爲鋦以及一切各料各準一定價值多則冒費帑金少則遺累經手均關部駁礙難奏銷漕規載在分明無容道喙而建工之地形水勢機宜不可不察機宜不在地之高窪水之深淺要在地之堅鬆溜之緩急又如截木爲樁若地窪水深則樁長地高水淺則樁短固屬定矩不知土堅溜緩短樁亦可有濟土鬆溜急樁短恐難久立萬一覺察未盡勢必遺誤匪輕

一石料之宜首重也石塊色青質嫩石塊色黑質硬均非所

一刷印工廠印

宜若江蘇之徐屬及山東所產之石最宜趲運不可不速鑿鑿不可不平石料早齊鑿鑿之功方得從容細緻安砌斯穩面石必要六面見方丁石務要長三尺以外順石務長二尺四五寸愈妙寬厚均要一尺二寸裏石亦要寬厚一尺二寸尤須鑿鑿平正不得多用薄窄牽算致滋修砌不堅之弊

一樁木之宜圍收也石工之根生於樁樁覩乎木不惟木植大小關係錢糧多寡而木細樁軟石工便不經久大頭短梢灣斜朽腐之木多不適用其中正不可不逐根圍收也大抵生創之工用木必多拆修之工用木必少總要先按原估次將該工處所查量木性堅鬆約用一木一截或一木二截裁

算定準然後計數圖購自足敷用不致糜費務要於辦木到工委員查收照估圍量至一切汁米石灰錫錠等項務符原估不得尅減觔重亦須逐一查盤秤收方得實料實工之益

一戧壩之宜寬厚也修建石工應於工外臨水一邊先築土壩一道將壩內之水車乾以便施工務須酌定水勢長落深淺以定壩身高低必要密釘排樁入土丈許壩工堅實寧可高寬毋少卑薄設遇風暴必至撞擊前工盡棄惜費正所以多費也

一清槽之宜寬大也未砌石塊先平底土其名挖槽承修之員多於此處尅減人工少挖尺寸計圖省費不知底槽一小

口面過窄則土立不牢致多塌卸復塌復挖不但徒費錢糧抑且曠誤時日故必務從寬大以收一勞永逸之功

一打樁之宜勤察也石工之堅與不堅全視底樁之有力無力截樁打樁弊端百出截樁短小簽釘稀疏此廳官之弊或釘樁過半私截樁頭或先截樁尾以圖省力此硪夫之弊務要於截樁之時量定尺寸樁頭各書花押鐵箍箍打以免披頭之患未打之先釘撖木以免歪斜之虞而尺寸長短佈置疎密務照原估打樁既畢必將樁頭一律齊平以憑鋪底刻刻巡查庶免遺累

一砌石之宜平正也砌石塊宜有收分竝預酌定明收暗收

不妨畧寬分數收分寬則坦而着實收分窄則陡而易欹面石務期線縫裹石最忌墊山墊一層曰單山墊兩層曰重山此匠工牢不可破之積習也而面石砌平用鍋殘簽試不入則縫細堅牢一不如式難免水侵汕刷之累至灌汁宜滿熬汁宜濃安置錠鍋各宜照估熬汁濃稀即可隨便驗視灌汁滿否勢須折驗方知熬汁不濃灌汁不滿竝鑿鑿空眼偷減鋦錠此皆石工第一喫緊要害之處至襯砌河磚更須灌汁宜滿扁立照估似此修建如式自必金湯鞏固矣

一尾土之宜慎重也石工砌成填墊尾土有用淨土者有用石灰黄土二八三七攙和者有用石灰粉加以米汁攙和爲

三合土者其法不一今工段綿長錢糧浩大三合土過費淨土不牢適中之道惟灰土摻搭之法但例每石一層塡土一尺二寸務要兩次分塡每次六寸加土攙和使成一家浸以汁水細力緩夯簽試滴水不漏再塡六寸層土層硪總以保簽爲要但打夯既宜堅實而用力又忌過猛猛則震動石縫此不得不細細加工也如是則工不虛糜帑歸實用矣

勾股弦法則

凡估建閘壩等工用勾股弦與算書勾股弦兩歧但閘壩有用勾股之處亦有不用勾股之處如上雁翅下分水定須按勾股方合規矩不致欹斜至於束水土舌不必定拔勾股然

雖不按勾股務須審度該處地勢寬窄水之大小配合上下裹頭保護石底以免沖損之虞附式

估閘勾股弦式

勾六股八弦十總以弦作主二八該股一丈六尺二六該勾一丈二尺

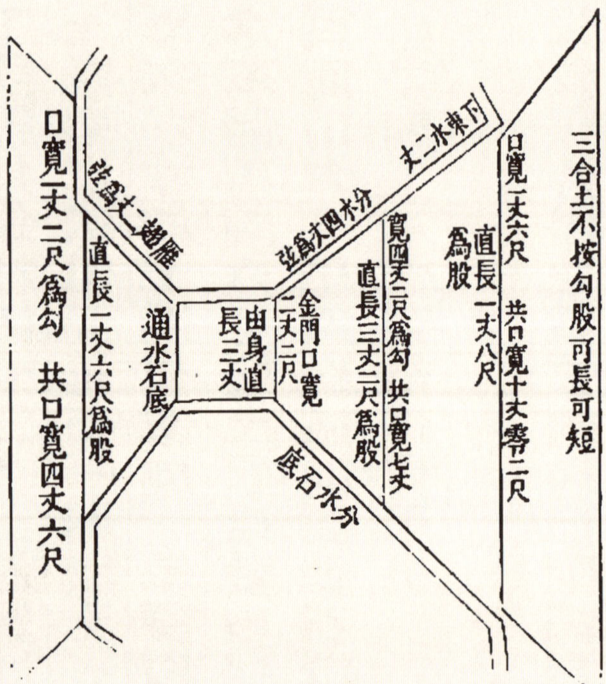

雙孔一磯心石閘做法

金門各口寬一丈五尺兩牆共長十三丈砌高一丈五尺六寸計石十三層內貼底六層襯裏石二路河磚三路共寬七尺二寸上六層襯砌裏石二路河磚二路共寬六尺蓋面石一層後砌海漫石二路共寬三尺六寸磯心一座寬一丈滿襯裏石十二層兩牆蓋面石海漫石上築做三合眉土寬三尺高一尺二寸

雙孔一磯心石閘式

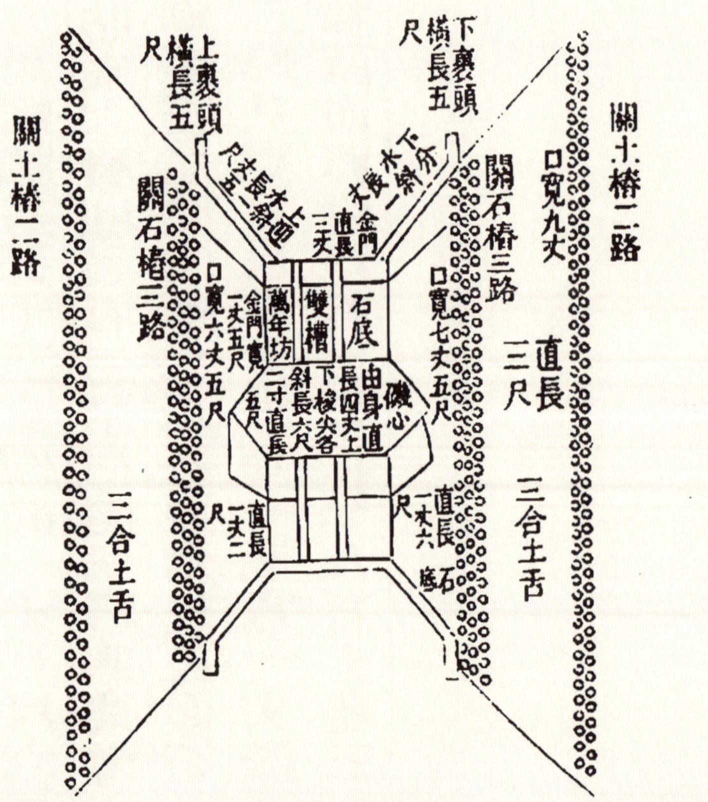
下裹頭橫長五尺
上裹頭橫長五尺
關土樁二路
關石樁三路
下水分一斜長一丈
上水分一斜長一丈五尺
金門直長三丈
口寬九丈
口寬七丈五尺
口寬六丈五尺
萬年坊
雙槽
石底
金門寬一丈五尺
磯心由身直長四丈上下梭尖各斜長六尺五寸直長三尺
直長三尺
直長一丈二尺
直長一丈六尺
石底
三合土舌

三孔二磯心石閘做法

金門各寬一丈八尺兩牆共長二十七丈砌高一丈九尺二寸計石十六層內貼底五層襯砌裏石三路河磚四路共寬九尺六寸中五層襯砌裏石二路河磚三路共寬七尺二寸上五層襯砌裏石一路河磚二路共寬四尺八寸蓋面石一層後襯砌海漫石二路共寬三尺六寸磯心二座各寬一丈五尺六寸滿襯裏石十五層蓋面石後砌海漫石一層

三孔兩磯心石閘式

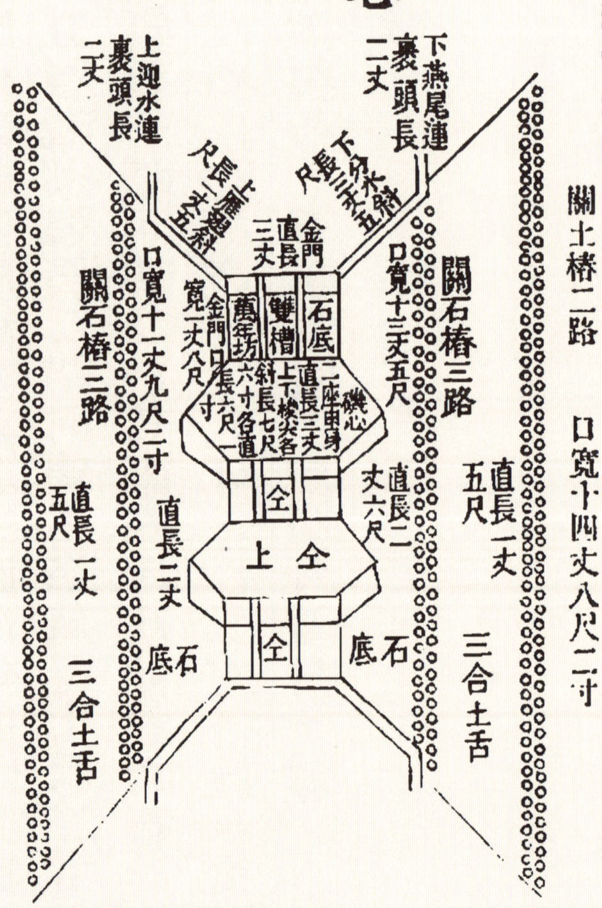

一刷印工廠印

石涵洞做法

金門口寬三尺六寸兩墻共長十六丈八尺八寸砌高三尺

六寸計石三層內砌裏石二路共寬三尺六寸滿鋪蓋面海漫石一層寬五尺長四丈八尺上迎水下分水金門洞口蓋面海漫石之上臨河兩面砌高六尺計五層後襯裏石二路共寬三尺六寸長三丈七尺六寸正隄仍補還一律

石涵洞式

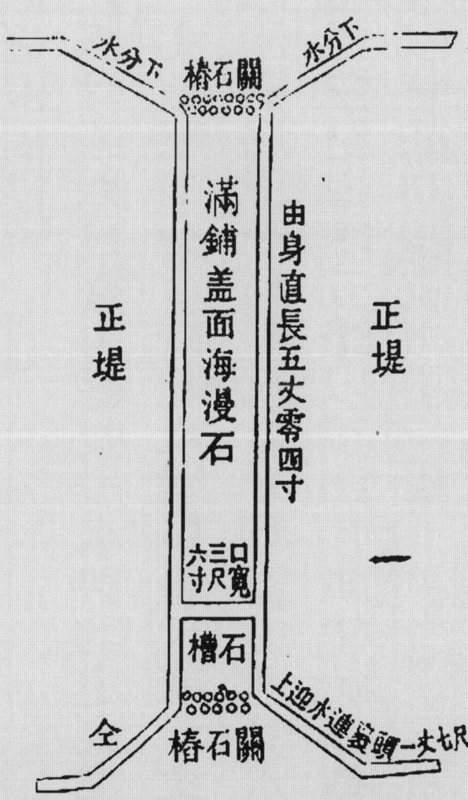

雙孔一磯心蓋板石涵洞做法

金門口各寬四尺八寸或六尺亦可總要按水勢酌定寬窄上迎水一丈或一丈數尺下分水較迎水增長數尺或一丈均可使溜勢不致沖刷爲患至高矮尺寸亦應審度地勢水勢酌估裏石或襯二三路或四五路以多爲妙所建磯心須較海漫石矮一層以便鋪砌蓋板庶乎一律

雙孔一磯心蓋板石涵洞式

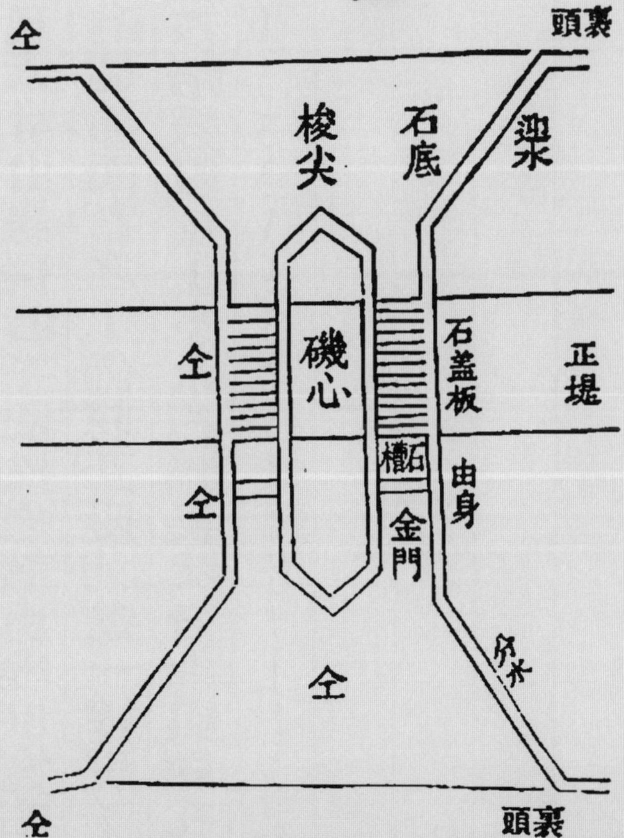

三孔兩磯心蓋板石涵洞做法

金門各口寬三尺六寸由身長若干丈按之該處堤底寬窄在於臨時向機酌估蓋面石之上仍將正隄補還一律堤下過水至襯砌裏石路數以及上下水石牆長丈分别與兩孔涵洞相同

三孔兩磯心蓋板石涵洞式

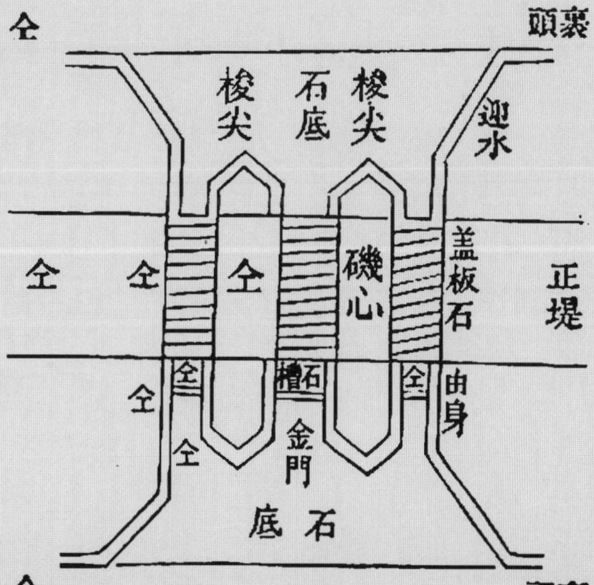

減水壩滾水壩

從來河勢變遷必由於積沙之弊沙之由積必始於水分而

溜緩故治河之要宜合不宜分宜急不宜緩若減壩則專主分洩似與河工有損可以無容建設殊不知河之深廣確有定數水之大小莫可預期假如河面寬五百丈者究其行溜之處至闊不過六七十丈至深不過三四五丈其餘漫水盡係淺灘可見此五百丈內之水已足供沖沙刷底之用若當伏秋大漲必欲盡蓄汎水于兩岸大堤之內無論沖擊淹漫搶護不暇縱使兩岸各有大堤然南北相去至少必十數里水一出漕勢必由寬就下四散分流徒足致水面寬闊緩弱正泓絕與大河毫不相涉是減壩之設非惟爲保固大堤正欲分洩有餘合其力以送沙也第建造之舉大非容易耳附

式於後

減水石壩做法

金門口寬四十丈壩底連脊直長七丈二尺六寸兩牆共長二十一丈四尺砌高一丈二尺計石十層內貼底五層襯砌裏石五路共寬七尺二寸上四層襯砌裏石四路共寬六尺蓋面石一層後襯海漫面石二路共寬三尺六寸此名減水壩上有封土如水長高過壩脊一二尺即相機啟土宣洩異漲又有滚水壩無封土以壩脊高為主蓄留河水如水過壩脊聽其漫過所謂分其勢不奪其溜也

減水石壩式

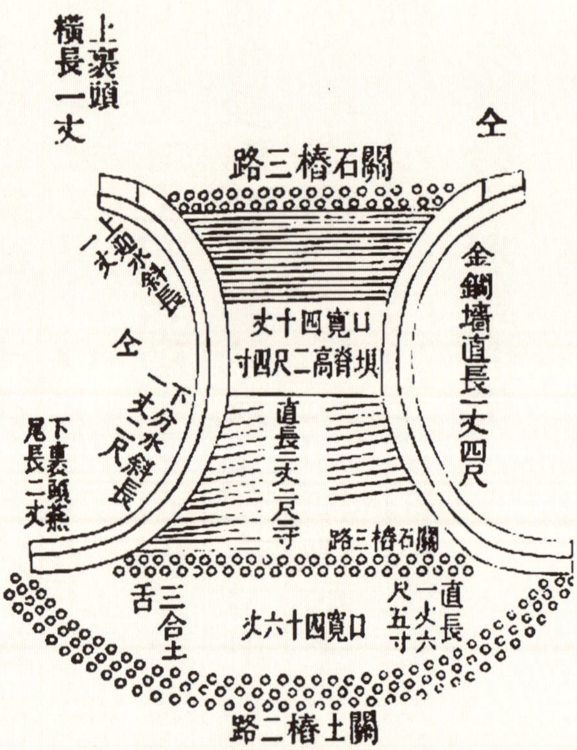

碎石坦坡做法

碎石坦坡最能禦溜黃河險工處所多用碎石抛砌坦坡較

埽工爲得力而用於湖隄尤爲相宜湖水遇風浪力極猛非土埽等工所能抵禦惟碎石坦坡任浪上下既不與水爭力且能經風浪淘刷此等工程須先將土隄築做堅實以坡還坡收分宜大四五收最好極小非三收不可譬如一段長十丈高一丈三收坦坡做頂寬一丈每丈該碎石十方如高一丈二尺該碎石十二方其直厚尺寸即以坡長若干核算碎石方數極爲準確

碎石坦坡式

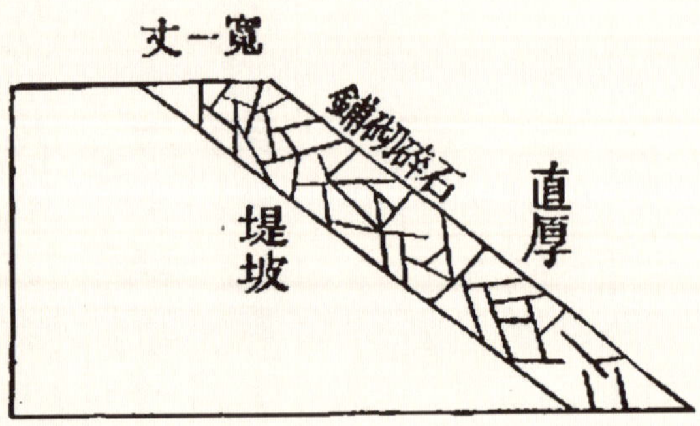

搶護類

防埽險

埽險不可玩忽也三汛之中有首險有次險凡水淩隄坡及

刷印工廠印

埽工平蟄謂之明險即次險也若相機加廂估做防風小心保護俱可抵禦惟埽下有猫洞串水內漏埽臺依然平整隄坡均已縫裂漸至樁尖外奔水底抽撤物料崖塌埽爬蟄陷無已倘內有獾窟或凍土大塊玲瓏其間卒遇異漲之水沖刷坦坡引水內注以致隄身串水謂之暗險即首險也搶險者不可忽畧亦不可亂慌亂急令善水之人入水細細探摸看猫洞在何處一面於進水埽邊密密簽釘大樁隨埶隨廂一面將裂縫堤坡順埽鍬挖約及進水之處盡去裂土急以軟草如麥穰豆稭之類迎水填塞待水流不溜再用散草順埽填塞愈緊愈妙切勿壓土俟填平本埽然後通身加廂壓

土須外七裏三方爲穩妥總之埽內宜軟不宜硬宜輕不宜重也輕軟則水入沙停合而爲一硬重則橋擱攻擠必致內潰莫可救援諺語云隄上不下埽埽上不打隄是也所謂隄上不下埽者必須挑挖深槽使埽平墊入地捍水於外護隄於內也儻埽不着實勢必搜根潰崖埽張隄裂搶護不能施力而埽走矣所謂埽上不打隄者緣埽係軟物易於腐朽加土其上久之墊陷成坑卒遇頂沖傳椿爛埽遂架其中水必乘虛汕刷補救不得其法勢必穿隄而成決口矣又有順長埽中間成險走失一段即將上下兩埽簽釘大椿然後照空補埽務細細探明兩頭有無暗椿或齊頭或馬面此埽不拘

不短適安其中始爲有濟短則有貓洞長則橋擱下虛不能着實反成大險此補埽不可不愼也

堵漏子

大隄走漏爲至險至急之事古人云蟻穴沈竈蓋不急救則害且不測矣猝然遇之雖智勇者不能不驚心動魄然必靜以鎭之察其形勢施工搶救庶不致氣沮神消手忙脚亂凡有走漏之處當先知隄身是淤是沙離河遠近有無順隄河形測量隄根水深若干見有漩窩卽是進水之門速令人下水踹摸一經踹着問明窟窿大小如係圓方洞則用鍋扣住令其用腳踹定四面澆土卽可斷流如係斜長之形一鍋不

能扣住者應用棉襖等物細細塡塞或用口袋裝土一半兩人擡下隨其形象塞之仍用散土四面澆築亦可堵住此外堵法也或臨河一面不見進水形象無從下手只得於裏坡搶築月埝先以底寬一丈爲度兩頭進土中留一溝出水俟月埝周身高出外灘水面二尺然後趕緊搶堵如水流太急紮一小枕攔之裏面再行澆土更爲穩當仍須外面帮寬夯硪堅實俟裏外水勢相平則不進水矣此內堵法也如隄頂寬濶有於走漏處隄心挖一溝務須大坦坡見水而止即用棉襖等物於進水處塞之亦可斷流此又一法也儻大隄土性沙鬆諸法搶辦不及竟至塌透者不可驚慌因彼時口門

不過數丈當於見漏時先紮一枕較外灘水深高一二尺如水深三尺枕高五尺儻竟塌透卽將此枕攔於口外用橛釘住使水流少緩一面多僱撳手排立兩隄頭將土粉下一面令兵夫數人立於缺口內連臂閉眼齊力跳踹以免瞇目傾跌所粉之土須從人頭上潑下漸跳漸稠亦可閉氣惟沙土隄有此辦法然一僥倖於萬一耳總之臨危濟急不如防患未形所以發隄一法前已諄切言之果能實力奉行信賞必罰春初發隄夯築堅實旣無罅隙何致復有滲漏耶爲廳員者試思春汛發隄與大汛堵漏孰難孰易孰輕孰重胡不孰思而審處之此種堵塞漏子全在人夫應手一呼卽至儻黑

夜過之須待遠處招集則躭延時刻鮮不潰敗者故防守大汛時必應僱夫宿隄竝留可緩之工從容辦理藉以養聚衆人也

水溝浪窩

沙土隄工水溝浪窩在所不免隄頂愈寬則浪窩愈大塡時竟有用土數十方者此則形現於外人人共見尚有一種名爲穿井隄身中間不過存一窪形其中間有小洞一個大如指而其下極爲寬濶此種浪窩兵夫看見輒以一舉足之勞粉飾目前遂泯然無迹惟在廳營留心查察庶不致爲若輩所朦凡塡墊水溝浪窩先將溝旁未經沖動之土細細粉閞

一刷印工廠印

小者用夯夫者用硪尋覓好土自下而上如築隄法坯坯夯築堅實再比隄頂加高二三寸庶下次大雨不致再沖至於幷穿當查其從何處出水如外坦出水即將外唇挑開從出水洞口至隄心全行挑挖如法填墊方能結實至兵夫尋常墊法不過將沖下之土用鍬撇起或自上而下倒土一兩擔用鍬略爲撲打再經大雨則所沖更大此病久之又久遂成大患不可不嚴加整頓然兵夫只能力作斷不能枵腹從事惟在廳員酌加食飲或可冀其有成否則雖嚴無益也治水溝浪窩又有包淤種草兩法包淤愈厚愈好第淤土恐不能多得最少需五寸厚總在兩坦用工夫不在隄頂也其次尋

巴根草於隄層並兩坦分行布種一雨之後即可蔓延不過一年滿坡青草亦可以免水溝浪窩之病

堵塞支河

支河有兩樣堵塞之法亦各不同如一種上有河頭當河水初長時水即由河頭流入在灘地內轉折迴旋遠者數十里近者十數里或數里仍歸大河此上有河頭下有河尾者也堵之之法當先塞河頭蓋黄河灘地臨河必高靠隄必窪因此處既有河頭則不能如河岸同其高阜故一經漲發由河分注且以有源之水長流於窄隘河形之內其勢必急若於灘地之河身內築壩橫截外高內低必致漫壩而過每漫一

壩必沖跌一壩非徒不能堵適足以激水怒以益寬深漸至妨碍大隄故先於河頭高阜處所擇支河有崖岸之處約去大河百十丈或數十丈之內堅築內外大坦土壩一條外坦廂做防風方爲萬全其灘內一帶河身中亦擇其淺隘處或相去里許或相去一二里間段做束水小壩如石閘形各留中間口門數尺或丈許使水仍可遡流庶河水初長未及漫灘之時則河流分頭之水至壩即住壩外所留河形百十丈不過數日亦可淤平則河頭百數十丈已極高寬非普面出槽涓滴無由分入矣及至普面出槽之時一帶河身復逐段有束水小壩如水比地高則壩沈水內河內之水不過與灘

地之水同一漫流必漸淤漸積迨河水稍落縱使河身尚未全淤然水爲東水壩所阻且上無來源河水愈退則淤塡愈增支河之至寬深者歷伏經秋必然盡成平陸矣如河頭水溜而深非土壩所能堵合則於兩岸盤廂馬頭用物料迎溜吊纜軟廂背後跟土塡堵一名吊纜廂一名神仙埽堵塞淺水漫口亦用此法先在上水頭釘橛兩排將大繩頭挽結橛上或一尺一條或二尺一條繩尾渡過對岸亦挽橛上或繫纜小船之上徐徐鬆繩俾兜物料着地每廂丈餘卽釘簽樁以攔之而背後之土緊緊跟隨以閉其氣河寬則兩岸吊廂中間合龍河窄則廂至對岸可以合龍合龍之後務令背後

土壩斷流壩上重重壓土多多簽樁方免洩氣臌埽之患又有一種支河上源並無河頭因內地甚低當河水出槽之時滙歸於低窪之內聚而成溜日刷日深亦轉折迴旋於灘地之內或數十里及數里然後歸入大河此則無河頭而但有河尾之支河也如不爲堵截恐年復一年河頭一成內地既窪則更爲難堵此種河形宜先於河尾內緊靠河岸高阜處堅築內外大坦土壩一條截其去路再於灘內河身淺隘處亦間斷做束水小壩惟中間留口門又當有寬窄之別蓋此等支河必灘地內原有垂窪之處非數頃即數十頃者積滿之後然後由最低處衝而成河故凡近窪地之頭一束水壩

須寬留口門庶使窪地之水不致漫跌其下各壩則愈遠口門愈小而窪地必淤處形亦平矣

搶廂埽工

凡險將至而旱地下埽者名曰等埽險已至而挑槽下埽者是謂摟崖順隄根下埽者謂之肚埽埽外邁埽謂之面埽是謂二路一層沉水埽上加埽謂之套埽是一路二層此上釘廂散料謂之廂墊其埽之所以陡蟄者或埽底淘深或埽身朽爛然先現形而後蟄動斷無突如其來之理惟在管工汛弁時刻留心查看卽可預爲防範蓋一工之埽多則百餘段少亦數十段雖溜勢提坐靡常然著重者不過三四段如今

日溜走某某埽前水勢洶湧即當於著溜幾段不能打水如深過原做時丈尺即應包眉釘橛將繩纜備齊一見形勢即動料加廂不過追壓幾坯便可穩實如係舊埽恐有脫胎之患舊埽尚未搶辦者照樣加廂實在腐朽不堪當預先捆船簽釘底鈎齊集人夫料物一切全備俟舊埽塌盡從新摟廂亦可抵禦再如三埽行蟄四埽尚未見動急須將四埽搴到眉子搶廂數坯恐三埽不能保住四埽搶定空檔無多尚易補廂否則連塌數埽則溜勢沖腰塌坡潰隄變成危險矣大凡行蟄埽段即爲搶廂顧名思義自當以速爲主而近來各工搶險廳營不能必到僅託之於幕友家人攜錢數千招夫

數名跑買柴土埽上僅有効用帶兵數名柴到則廂無柴束手如此辦法而欲不走埽有是理乎一埽既走勢必連段蟄塌遂成大險總以防患於未形者爲主執事者果能隨時體察何至手忙脚亂哉

搶頂沖大略

搶救之法莫難於頂沖其力專其勢迫治上游則直來而不可遏截治下游則碍堤而不能舒展如堤外灘地尙相去大河百數十丈或百丈則相度水勢所射之處於外灘地內離堤三四十丈飛掘丈許深槽捲做高丈許釘埽先期埋入槽內用樁簽釘然河勢直來遇埽阻必折而下流其所埋釘埽

一刷印工廠印

須預擬形勢挨次自上游迴轉之處起順水之性或百丈或七八十丈下至稍可展舒處爲止庶臨期不致倉卒若離堤甚近則即於大溜內先用順埽保護一面仍於順埽外捲下釘埽均照大溜長短以定埽個多寡俟水勢稍灣則或用挑壩或用雞嘴照治埽灣之法自堪保固總之埽灣頂沖之處莫善於未險之前先於堤內創築裡月以備不虞實爲事半功倍至善良策但月堤宜寬宜遠下水更宜長以便轉灣不宜逼近大堤耳

挑黃河險工引河

險工對岸必有淤灘南灘則北險北灘則南險前人有於對

岸挑引河之法可以化險爲平然舊河至窄亦有七八十丈深三四丈不等所挑新河寬深不及十分之五以就下之水而欲其舍深就淺舍寬趨窄是豈水之性哉必須河頭得勢庶乎其可所謂河頭者當於對岸灘嘴上游尋河流初轉灣處陡崖深水溜勢頂沖塌灘潰崖似必欲於此尋一去路如此謂之河頭其下又有灘嘴兜住溜勢爲之下脣再於下游尋陡崖深水處爲之河尾測量灘高水面若干再用旱平自河頭至河尾逐細較準方得河頭水面高河尾水面若干如高二尺以外大可興挑迨開放時河頭有吸川之形河尾有建瓴之勢其成工也必矣其必不成者有五無河頭者不成

有河頭而無下脣謂之過門溜者不成有河頭下脣而無河尾者不成有河頭河尾下脣而上下水勢相平者不成四者齊備而河身純是老淤者亦不成此乃就形勢而言諺語云引河十挑九不成大都勘估於冬開放於夏水有消長則溜有變遷九不成之説未必不因於此勘估者能於估工時預計開放時溜勢則得之矣然此舉施之於徐州以上則可蓋兩隄相距或二十里或三十里灘面寬濶即新河以下偶有坐灣未必即新生工段如邳宿以下則兩隄相距不過五六里閒一舊工即生一新工且有不止於此者權其輕重似非得計也黄河之水其性喜曲曲則溜急而深沙隨水去直則

平衍而溜緩沙必漸停故灣處皆深直處皆淺不可執逢灣取直之說徒費錢糧且致溜行不激河底漸高其病未必不由於此究以束水攻沙激之使怒爲上策

河防輯要卷之四

合肥周家駒子昂甫編輯

堵合壩工類

堵合各決口大要

治河之道自古迄今舍順水之性別無所謂良法此智愚之所共曉也獨至堵合漫口則曰漕運民生兩關重大不得不權宜逆治此但知論其形未審其理耳黃河之所以成漫決者大抵非悞於不及隄防必失之隄防太過奔騰下注原因失其故道所以橫流實非本性惟初決之時水勢初達所苦者在淺溢人心欲堵所患者在寬深主其事者苟不能相形

度勢於遏截之中仍留一紓緩之地盡力以制水水亦必盡力以勝人斷不免兩相牴牾變態百端曠日需時堵合愈難而全河愈病故堵合之道雖多凡所設施不能枚舉然要其大端惟在主持者敬畏存心不躁不急先以心會地之形再以心會水之性然後定謀決計循次舉行自然操縱得宜趨避恰合水亦無所逞其能人亦無所用其智兩相退讓而工亦告成矣併述古法之必當師法者數事於後以備臨時變通而採擇之

一堵頂沖決口凡決口開於頂沖者其堤必橫其溜必直既決之後大溜必全入口門口門以下之故道既不行溜必立

見淤墳故道旣淤則口門之水更急不得不開掘引河以分其勢第直河之大溜必走中泓口門對岸無近溜開河之處若不開河則來水一無去路何能興工下埽須於直河上游初轉灣之處尋覓引河河頭蓋從來口門在北其直河初轉之處溜必在南口門在南其直河初轉之處溜必在北相定地勢估開引河一道然堵合之工不可太急須先裹護決口堤頭俟引河將次告成然後進埽約進至已東佳大溜十分之三即便將引河盡行開放使水分注則口門之溜自減埽亦易進矣如引河所分之溜不過十分之五口門仍受水五分且引河隔口門路復遥遠則口門五分之水已成入袖不

能退回亦足爲患如不甚變更則照常捲下倘有變更或引河河頭之下對岸有崖岸可就即於崖岸之處建一大挑壩以挑之如無崖岸則於口門之下覓一地方再開一小引河以分此五分入袖之水則壩工自穩矣其堵合壩臺切宜兩邊兩對不可高下

一堵埽灣決口凡決口開於埽灣其大溜不在口門之左必在口門之右如正河與口門各分大溜之半則不必開掘引河但於口門之或左或右相去數十丈或百丈大溜之上游建一挑水大壩如係灘地壩無靠身有高地則就高地無高地即築堤一道接至大隄隄上用順埽保護挑水使歸正河

則口門水緩埽自易進矣但埽臺須上游稍高下流稍下如初係埽灣及後漸成頂沖則當於初變之時飛即接長挑壩或提高上首埽臺萬不得已亦開引河

一堵疎防決口凡堤因疎防而決者其隄原非頂沖亦非埽灣且高寬足恃去河復遠平素原不留心祗因隄工歷年久遠或內有鼠穴獾洞穿井等項外雖堅好而內實空虛及河水淹浸滲泡日久則水由虛直入致成潰決如此決口雖水勢洶湧然究竟與頂沖大溜有别但急下裹頭俟汛水稍退流亦自緩不難立堵間亦有自行挂口不煩堵合者惟隄根之下舊有支河急須於方決之時趕乘汛水未落水面尚寬

晝夜疾堵若稍一遲延則泆水歸槽支河之溜卽引入大溜變成至難堵合之決口矣又漫灘決口灘面若無溝形水落自然掛口如有溝槽當看其有幾道或係順水或係倒溝溝頭離溜約若干丈此種漫口灘面多係稀淤灘唇必係沙土高埂應先於進水溝頭就灘唇高處挑槽多用軟草盤築壩頭一面於決口外面搶築月埝一面於上游及對岸各廳酌撥存工正料雜料並派官弁僱覓人夫攜帶棚蓆口糧用船渡過溝頭以便趲辦因灘水甫落灘面泥淖無路可通本工卽有料物人夫亦難過去故必借上游及對岸之力也如溝槽太多能一齊動手固妙或人手無多或料物不便是當酌

分先後應以近溜者爲第一順水者少次之倒溝又其次也此等工程成敗在於呼吸以速爲要務須不惜錢糧撒手趕辦若稍拘於成例鮮有不僨事者至於壩基以臨河爲主萬勿入袖如溝底土頭尚好不難尅期蕆事惟搒後一病在在有之不可不爲計及以免功敗垂成

塞決先後

河水當泛濫奔溢之時其決口必非一處或大或小或上或下議塞者莫不先大而後小先上而後下而不知其理有不然者蓋大口難塞非踰旬累月不能竣迨大口工竣而小口又復汕刷而成大雖用裹頭套護之法第能使之不闊不能

使之不深然亦未有中泓既深而兩端不塌陷者則是所塞之工處處皆大口矣夫大口既寬濶至於成河止矣必不至更刷而大急將諸小口盡行堵塞而後以全力施之大者至於先下而後上從事乎其所易其理亦然截其尾毋攖其鋒下口既截而後以全力施其上或挑引河或築攔水壩或中流築越壩審勢置宜而大者小者當亦無有不受治者矣

盤裹頭

大隄有漫缺決口之別盤做裹頭宜分輕重緩急如漫灘分溜者宜漏夜趲辦裹頭毋使塌寬若塌寬則吸溜漸多易致敗事故宜急辦若係決口溜已全奪或時當暮秋水勢不甚

洶湧則不妨就於沖斷隄頭即時捲下埽個如時當伏秋大汛水勢洶湧尚未塌定即做裹頭不但不能裹住且必更益寬深徒糜料物然亦無聽其沖刷之理須相度情形視隄已塌定即就隄頭用料盤裹否則將已斷之隄除去近溜隄頭十數丈或一二十丈之內將好隄掘斷與地相平或比地深一二尺將埽下於掘斷堤頭之內須如在大溜中下埽一樣簽樁加廂壓土置於上下水各下順埽或二十丈或十餘丈以防將來水到埽邊有拖溜迴溜之患水到埽邊仍須相機保護

定壩基

漫口有分溜奪溜之別如大溜向走正河漫口不過分溜幾分謂之分溜大溜全歸口門正河下游乾涸謂之奪溜分溜口門壩當建於兩河分岔之處萬勿稍為退後至成入袖之勢難於成功其奪溜口門當先定河頭挑挖引河使水有去路河頭既定再看壩基大都東壩基宜去引河頭七八十丈至百餘丈倘離河頭過遠則開放時不能得力太近則東壩基有搜後之虞更宜建於老崖深水處如兩岸均得老崖固妙然溜在中泓者絕少能得一岸老崖亦可以施工矣查向來辦法有就大隄缺口兩岸進占堵合者有外越堵合者此指漫口情形易辦者而言若漫溢之後大溜東趨塌灘不已

一刷印工廠印

竟有寬至四五百丈者如此形勢引河頭必好然就此建壩未免壩工太長所費較大且兩岸必是新淤嫩灘更於建壩不宜惟有於漫口上游大河轉灣之處另覓河頭如南岸漫口河流向北坐灣北岸漫口向南坐灣者是也既有河頭再量該處河面寬若干丈如在二百丈以內便可省費十分之五然河頭既定上移則圈埝引河均須加長所費亦復不小應確切估計壩工節省站長若干值銀若干除加長引河圈埝方價外尚可節省若干然省費事小工程事大總須形勢十分順利方可改作否則不可輕舉妄動恐所省者小所費者大不可不知也總之辦理漫工以壩基爲首要倘建非其

地鮮有不僨事者每當勘估之時議論不一有如聚訟必須執事者確有定見擇善而從庶乎其可至於埽身寬窄原無一定總以水之深淺酌量增減定壩基時先應測量現在水勢並查問該工向來水勢至深若干如無工處所以附近埽工比較即可得其大概如水深至四五丈以外者正壩應寬十五六丈高出水三丈上邊埽寬五六丈下邊埽寬四五丈高出水面二丈五尺水深在三丈以內正壩寬九丈十丈高出水面二丈上邊埽寬四五丈下邊埽寬三四丈高出水面一丈五尺此其大略也大凡口門東壩著重者十居八九深水埽工固爲穩當然不可多做東壩過長與引河頭有礙究

應西壩長東壩短爲是再堵築漫工大都外越如兩岸灘面寬闊所越無多自當修守倘外越過大挺入河心成功之後不可修守亟宜放淤以爲退守之計此雖善後事宜然於酌立壩基時當先爲籌及

出馬頭

馬頭者即堵閉下埽之埽臺最宜得勢得地則自始至終不煩更改埽亦安穩如決口之水從中泓直下者所出馬頭其左右兩邊相去決口之丈尺遠近不妨相等蓋水從中來則兩邊埽臺受水之力亦相等庶挨次前進終始各無輕重埽自平穩矣如溜自左來或從右來則不啻溜一邊須離決口

處較當溜一邊少遠十數丈或十丈八九丈蓋溜從一邊來則當溜一邊其勢急其水深必先出埽出埽三二箇之後大溜必稍稍直下然後於不當溜一邊亦挨次前進埽箇大抵當溜一邊在堵合工程已成七八分之前其埽臺俱須比不當溜一邊上三四尺斜迎大溜帶挑帶堵方能得勢然不當溜一邊未免受水漸重須當堵合工程已完七八分之後則將當溜一邊埽箇暫停讓不當溜一邊進埽與當溜一邊上下長短相等則受水之力亦相等然後一齊進埽庶無貽誤

凡做埽臺以高出水面一丈五尺為度如就老隄堵築者先將舊隄頭加土夯築兩邊退後十丈刨槽入水深七八尺以

一刷印工廠印

防搜後料土交接之處多用軟草油泥務令柴土膠粘細細盤壓十分堅實不致蟄動方可捆船掛纜出占如在灘上堵築者應先築土埝以爲壩基亦以高出水面一丈五尺爲度如前式刨挖廂做不可草率灘面刨槽應較水面深一丈預防溜至行蟄此爲最要

上提

如兩邊埽工堵至八九分光景內有一邊埽門之下因水急溜深不能一齊進埽以致一邊上一邊下兩不相對難以合龍則須於急溜深一邊在門埽上水下長十丈順埽兩路即於順埽上另出馬頭往上一提對定彼岸進埽則深溜在下

龍口亦對而易合矣

二壩

歷來漫工大壩合龍者不一而足何取乎二壩殊不知專仗大壩成功者固多而失事者亦復不少緣兩壩口門收窄時上水高於下水幾至丈許奔騰下注勢若建瓴壩前愈刷愈深因之蟄塌不已如有二壩擎托以水抵水則大壩上水不過高下水面三四尺二壩上水亦高下水四五尺丈許水頭分而爲二兩壩各任其力大壩得以輕減矣惟二壩離大壩不可過遠當以二百丈內外爲率蓋近則擎托得力遠則氣長氣長則溜勢伸腰東西亂撞東岸坐灣則西二壩著重西

岸坐灣則東二壩著重不僅大壩不得力也所有壩身宜寬五丈上邊埽寬三丈總以水深定其寬窄如水深四丈以外正壩邊埽各宜加寬下邊埽可以不做兩壩壩身長短察看溜勢以擎正溜頭爲要

夾土壩

澆於大壩上水上邊埽之內謂之上戧澆於大壩下水下邊埽之內謂之裏戧歷來大工因裏戧水淺省錢糧而易見功大都皆用裏戧然屢經試驗不能得力推求其故緣大壩是新做埽工一切埽眼腰漏簾子水等病斷不能免當口門未收窄時內外水勢相平其病隱而不現及至合龍後下邊埽

裏戧均未能同時堵合其時內外水勢高下懸殊凡有罅縫之處無不過水即使裏戧寬濶一時不能直透每於土料交接處循埽眉串注下邊埽未合之處刷成溝形愈刷愈寬必至將戧土塌盡大壩隨即蟄塌爲害不小至於上戧在大壩上水澆土之時正壩內凡有埽眼等病逐漸堵塞合龍後涓滴不漏此其明證惟上水水勢溜而且深甚難見效當將正壩先[illegible]兩三占即做上水邊埽離正壩約寬三五丈留出空檔俟邊埽出一兩占後再行澆土採量水深若干合計土方自可計日竣事再凡做上水夾土壩將合龍之前或以水深溜急土澆不住多議用料盤頭此皆不可輕信蓋土能閉氣

若一用料則仍通氣萬不可行竟宜緩澆一二占俟正壩堵
合後速將邊埽合龍然後兩壩並澆立即閉氣屢試屢驗如
水深至四丈以外計算所澆之土前游約寬二十餘丈不能
跟隨邊埽趕澆出水則邊埽更無倚靠宜將邊埽做進收窄
空檔改用軟草油泥逐漸廂填是亦一法也二壩夾土壩亦
照此辦理

緝口

漫口已成擇定壩基後即須緝量口門寬若干丈尺以便估
計應需料物若干兩壩應各進若干占或一日可進一占或
三日進兩占便可約定合龍時日事關入

奏不可草率倘緝量不準報寬則浮張皇報窄則估料不足且耽時日致多棘手如口門寬不過百餘丈宜擇無風之日或微風頂溜時用長二百餘丈繩纜以小船渡過即可緝量如在二百餘丈當以大船數隻排列口門下錨定住並拉起風篷不使下淌能於對岸淺水中釘提腦橛更爲穩當再用划船於壩頭將絃線渡至大船逐船緝量以定丈尺每出一兩占即宜緝量一次庶胸中得有把握不可忽視此事應專交管提腦之備弁

估計壩工料物

缺口已準即得口寬長丈查明該工至深水勢即可定壩寬

若干高深若干按丈計算便知通工需正料若干軟草照正料加一預備綷繩騎橛按占計算約以三丈一占為率口門寬若干共計應進幾占每占用繩橛若干便得雜料數目矣通盤計算以便委員分投趕辦總須逐堆過秤若一論丈尺則百弊叢生有名無實兩壩除足用外每壩應存餘料各五百堆縱倘秤足簡便有餘不可不足西壩本宜多進幾占其料應較東壩寬為貯備也

派執事官

大工事務繁多必合羣力以襄厥成首在派委得人則調度周匝稽核精明尅日成功錢糧節省不如是往往因一人之

掣肘致全局之僨事大抵派委宜專專則事有責成不宜多多則互相推諉潔已奉公和衷相濟是所望於司事者應派執事各官開列於後

總局官

總管兩壩錢糧料物一切收支事宜應以本管道員總理添派明幹廳員分司出納收支銀兩並易换錢文諸事

掌壩官

總理一壩事宜點驗兵夫核算料土稽查牌桶清理土料路支發錢文此任最爲繁重必須每壩遴選歷練年久精明公正之廳官一員專司其事另派隨壩官數員聽其隨時調遣

買料官

量材遴派四路採購不能拘定人數

總理正料廠官

應派公正道府大員一人專司驗收料堆另派官數員分司

折垜巡廠諸務

雜料廠官

每廠派二三人專司秤收緜觔光纜雜草橛木締繩削橛並

製造一切器具逐日收支登記

跑買柴土官

應看壩台用土料之多寡酌量派委或五六人至七八人或

十餘人總視壩台之寬窄進占之緩急臨時增減並分班輪替以節其勞

管理壩前小廠官

專司繩纜橛木運至壩台存儲以備逐日應用並收回繩頭諸事需明白埽工精細之汛官一員足矣

管理土塘官

專司挑土人夫令其先盡遠處挑挖留近土以備搶工之用尤不許挑斷土路以致人夫擁擠爭吵應派武汛司之

巡查料路官

酌帶兵役沿途巡查以防偷漏走失之弊並不許擁擠耽延

應看料路之長短定派員之多少

彈壓地方官

大工所在人夫眾多商販雲集其中酗酒打降竊盜賭博在所不免應派地方官一員專司彈壓

彈壓巡查火燭官

料物所聚火燭堪虞盜賊潛蹤尤宜巡緝應派操防營將管帶兵數十名巡防彈壓

河營做工將備弁兵

每壩應派叅遊一員掌管若無熟習壩工之參遊仍委廳官掌管其上下水及邊埽應需官弁兵丁酌開於後

正壩上下水官兵晝夜各一班邊埽官兵略同

守備二員

千把四員

協防四員

効用八名

以上官弁効用照管廂埽打張

又効用四名管帶樁手不致亂川繩橛

樁手四班管揪頭過肚腰占占繩等事

兵丁一百名連伙兵在內

船上管傢伙

効用四名
兵丁五十名管小繳掛勾　連火兵在內
管提腦
効用一名
楷手二班帶管揪稍
管開傢伙
効用百總四名
諳練兵丁十名
打水
効用四名帶管緝口

齊板

熟諳兵丁八名上水四名下水四名

壩臺設立號旗三面

旗分黃紅藍用料拉紅旗用土拉黃旗用草拉藍旗

効用二名

兵丁四名聽令拉旗報事

支發小廠後至大廠跕路文武官兵須操防及地方官庶可彈

壓料物不致拋散

簰桶離壩頭十餘丈處安設

上水邊埽

守備一員
千總一員
把總一員
協防一員
効用四名
船上守傢伙
効用二名兼管吃煙燈籠火燭偷盜
椿手三班
兵丁四十名連火兵在内　守傢伙
又兵四十名連火兵在内　廂埽

攩柴土

効用百總四名

摘腦即令管正壩摘腦官兵兼管

齊板

兵丁四名上水二名下水二名

設立號旗三面顏色照正壩一樣

効用一名

兵丁二名管拉旗報事

二壩官兵照前分派應按壩台之丈尺畧爲酌減其文員一應

專派掌壩官小廠官跑買料土官其餘正雜料廠巡查彈壓

皆毋庸另派

正料廠

從來堵築大工必先儲料當漫口裹頭之後緝口門之寬窄探水勢之淺深卽酌定正壩若干丈需料幾何上邊埽若干需料幾何下邊埽若干需料幾何與夫挑壩二壩包灘護崖之類各就形勢約估料數寧使有餘毋使不足一面委員領銀購運一面委員就廠收堆此正料廠所由設也兩壩各設管理正料官一員佐雜數員而以道府大員總理之核定價值先堆穰垛所有垛夫必須官點夫頭酌定堆料一垛給錢幾何出示曉諭無許額外需索堆成後卽由該收料官給發

廠收仍由總理換給印收即於所收料垛上掛一牌寫明某官收某員交料一垛計重若干觔註明日月並長寬丈尺一一登記如抽查時丈尺不足觔重不敷或有架井空虛之弊及拆用時核計單長折耗過甚惟收料官是問總理官失於覺察與有責焉大抵正料一項工需至急而收料一事弊竇極多皆園戶販運而來即委員之所辦交亦多由料販包攬以彼百計鑽營爲鬼爲蜮倘收料官稍失防閑必致墮其術中短少工料徇以身家否則秤收從刻動即責處廠役等輩或又從而需索之以致人心觖望小則裹足不前不免停待大則風火不測尤屬堪虞夫工需甚緊將設法招徠之不暇

而苛刻從事焉有不僨事者乎必也潔已奉公凡驗量抽秤等事必躬必親不假手於吏胥斷僕平量准秤公正宅心既不失之過寬亦不失之稍刻或再權其緩急收放咸宜斯則經理之善者至於工次火燭一節關係最大必須嚴爲之防而料廠尤甚故置廠必擇其寬濶堆垜離圍牆三丈爲式能分設數廠尤佳而堆料必疏其行列每一行列中再寬留空檔始妙務使廠中縱横朗列便於稽查堆滿一廠方准動用完一廠方准續堆總不得一處收支致滋弊混仍於廠中四面掘濠以寬一丈深八尺爲度即以挖濠之土培築周垣前後設立廠門爲正料出入之路毋致擁擠即派弁役妥爲

看守多撥兵丁更番巡夜優給飯食毋任暇逸不許擁爐喫烟聚賭尤爲厲禁有犯必懲此料廠事宜之大略也惟包戶料販花費甚大不如買民料之爲便然地利不同難以概論查徐州以上地面寬濶產料極多可以收買其收買之法派一熟諳之員於廠外搭一官棚所有車戶魚貫而進過一輛發票一張塡明發錢數目趕入廠中隨到隨卸其發錢處亦搭一官棚見票發錢不許遲滯每日黎明買起每路可成大堆二十個如車輛過多則分兩廠收買淮揚一帶收買船料每日亦可成十餘垛總以料販花費之錢加給料戶無不蜂擁而來矣至於料車來路或橋梁損壞或道路泥濘均須派

人遠遠收拾以便招徠若夫支料章程及相近壩頭處所酌量堆垜用備緩急固掌壩事也另載掌壩事宜於後

雜料廠

辦工必用正料固已料有正雜缺一不可故正料有廠雜料亦有廠雜料者何繩纜樁橛騎馬其大焉者也凡進占下埽所必需一切皆取給於廠廠設總理一員再委數員佐之凡秤收絫纜圈收木植以及綍繩砍橛分任其事以專責成俱擇精明勤諳者為之並以熟諳協防効用數人供其驅使蓋器用必取其利則製造務求其精惟熟諳工程者照料其間乃能善其事也發辦宜早儲備宜寬如約計需繩一萬條則

購料百萬觔以外寧使完工而有餘料歸廳庫收藏不致棄於地也萬一不足停工待料則必致販戶居奇而交料者浸水摻土百弊叢生其時急不暇擇誤工糜帑關係非輕廠宜寬防火燭也稍近壩頭取便捷也開濠築坦兵役巡警昭慎重也必有料房以蔽風雨即諸色繩纜亦必用席數層妥爲苫蓋倘經潮溼不可復用關係壩工至重大也料房纜廠務各道管鑰一切閒人不許擅入即支料綁繩發纜上壩亦必司事者監視記數禁止喫烟夜間巡察亦不得然火提燈盞防微杜漸之道也廠設官秤由總局道府較準須發收雜料者務宜公正宅心約束家人兵役等輩毋許

一刷印工廠印

需索寬不至於通融濫收嚴不致於刁難勒折事必躬親而初終不懈物皆豫備而巨細不遺優恤匠役稽其勤惰毋任偷安較及錙銖工作收支皆必白晝總在先事布置從容毋致倉皇夜作難於稽查且燈火堪虞也暇則親至壩頭察看壩工水勢情形與掌壩官因時制宜酌核料物或增或減即繩纜橛木之長短粗細進占若何下埽若何事事講求務期合用而省費供給兩壩止此一廠經理者酌其盈虛籌其緩急彼此兼顧接濟不竭此經理雜料之善者也至於軟草一項甯多無缺樁木雲梯或可不用亦不可不備兩壩頭各設小廠一切料物均由大廠運交小廠轉支上壩此固有掌壩

官稽查調發而總理雜料廠員亦必須通盤籌計未雨綢繆
毋令匱之毋任虛糜乃至回縈纜頭稽查必及燈籠雜具制
度必精庶幾不負任使矣凡有一切條規並應備物件開列
於後
一相度廠地必須離壖上不遠仍要四面俱空不與廬舍料
垛接連廠地寧寬毋窄廠外先挖濠溝或築土墻或做籬笆
僅留廠門出入以嚴啟閉
一廠內亦須通盤籌計何處蓋廠何處儲縈麻何處堆木纜
何處作繩場如位置得宜則一切俱係順手否則散漫無稽
即擁擠不開矣廠房務宜多蓋緣縈捆經雨即黴已成之繩

亦須儲廠方免霉爛計中等廠房一間儲麻不及二萬觔儲繇不過百餘捆儲繩不及五百條存料稍多必致暴露此廠房之不可不多蓋也厨房地基須挖深四尺然後搭蓋不可與各廠房毗連廠中首挖一池寬長隨地制宜愈多愈妙池內所出之土即將廠房基址墊高堆儲繇麻雖逢大雨水有歸處則檾房自然高燥且池中有水又可防意外之虞萬勿惜此小費搭蓋廠房所需正料向正料廠支取所需木植即由雜料廠開報請宜檢點撙節工完後或交廳或變臨價時

裁定

一徐屬蕭碭一帶所產繇觔無多不敷工用其次近而一水

可通者豫省之商邱平臺集鄭州之揚橋皆產稭之鄉然每處亦不過數十萬必於西華扶溝始能撒手收買當先派熟諳之員携銀前往看定水口預僱車船庶得源源接濟惟查該處渾稭居多務令委員在彼收買時逐捆打淨以省運脚其東省之濟甯一帶亦可收買必須運河通暢時方能迅速

一收稭觔以青色爲上白者次之黃者又其次也總以乾淨爲主無如近來行儈居奇參和泥土謂之渾稭到廠令其各自堆成一垛秤收時眼同交稭之人按捆過秤隨便抽出一捆打開記明原秤觔重多用人夫摔打乾淨仍捆好再秤通身照此折算如有潮濕亦令曬乾再秤庶不至有折耗發出

繂繩照號抄發爲便

一繂繩當先定長若干丈如長十丈繩重六十觔足矣愈加長則愈重總視水頭水勢深淺若何當與文武掌壩公同定議應用長若干丈繩約重若干觔再行發辦

一繩架俗名謂之弔子每架用夫七名每日能出長十丈繩二十條向例每條給錢三十文如米糧昂貴即應酌量加增然若輩利在偷㯢必須嚴行查察有犯必懲總之各項匠役每人每日以二百錢爲式否則不來有實在出力者格外奬賞以酬其勞

一向來大工㯢繩二頭有鼻子一頭放散此後務令其兩頭

上架皆要鼻以免偷割繩頭之弊

一縴繩之處地面須要寬濶以便多支架子派誠實効用專司其事務令加功緊縴不許鬆勁收繩時令其各自舉起能直立一丈四五尺方爲合式否則重縴

一縴繩觔重斷不一律如定每條幾十觔或輕二三觔或重二三觔此亦事所必至收繩時務須逐條秤准掛一牌子註明重若干觔以一百條爲一字號挨次編明歸於日報壩上用時照抄底賬付去以憑查考

一圈收木植龍泉尺碼離關口五尺圍收漕規尺碼離關口三尺圍收遵照舊制亦無錯悞惟假手於人則過數並碼處

處皆有弊竇不可不躬親料理也木植歸倉即掛牌子立簿登記以備逐日查考

一截木須就料科算不得任聽木匠隨意擅用如木料首尾相應即二三段亦可做橛木梢亦可作騎馬如頭大尾小一橛之外僅可作騎馬簽子間有不等木園圓過小頭段不能做橛者均須先算後鋸不致拋棄一二尺則節省多矣留橛以五尺爲度合龍以五尺五寸爲度騎馬以四尺爲度合龍大騎馬以七尺爲度大簽須四尺以外小簽不過三尺惟小簽以木梢爲之一木僅有一梢下埽所用簽子最多每苦湊手不及以中等木植劈作四五根不等儘可用得而壩上兵

目往往固執不依是在掌埽者之留意焉徐屬各工向用柳橛其質不能如杉木之端直截用時尤須劃算是在司事者細心籌之

一光纜以黃亮大蘆篾子壓得勻披子擰得緊纜心壓得熟者爲佳短小之纜合用沖用殊不上算如水深下埽總以四股虎三長十丈重五十餘觔者爲度如溜緩軟廂以四股虎一二長十丈重四十觔內外者爲度三股光纜虎數軟小觔兩亦輕緊要埽工不甚合宜毛纜係用青柴帶葉帶皮一披捲成不用纜心者雖係純熟終覺體鬆而質輕祇可淺水處酌量用之灰纜以好大蘆劈篾入灰泚泡七日爲度柴性頗

覺棉軟入水亦耐時日惟工本較大且難猝辦是以大工素不多用捆廂船摘腦向用縈繩因入水易於霉朽近來頗用蘇纜查雙料蘇纜每盤長四十餘丈單料者每盤長三十餘丈水深溜急之處單料者恐不合用

一包眉子壩埽眼夾土壩塡檔皆用穰草故向來有比正料加一發辦之說㝛可多備勿致臨時掣肘收草者或論觔或論垛皆請示遵行可也

一預備各雜料須常至壩上與掌壩者隨時科算某項需用尚多而存料無幾亟應稟請添辦以期接濟合能在邇而某項尚有盈餘亟宜稟請停辦以省糜費

一支發料物固以小廠支摺為憑仍應呈送日報以便總局掌壩各有查考而小廠所送日報旬報亦宜逐日查對

一備辦器具俱有次第如天礮月斧齊板榔頭旂杆簰桶鐵錨打戗樁之高橈跳板核桃繩小纓子此開工時所必需也齊板榔頭宜用雜木切不可用杉木簰桶式樣不一總歸堅固桶蓋僅留小孔伸手能取錢而止以杜抛撒之漸如五尺桿丈桿燈籠架銅鑼太平桶抗扛木帶柄之木舀有繫之水桶此壩上所常需也犁梯坌木大跳此下埽所必用也犁梯等件俱隨埽個高矮而定尺寸坌木愈大愈為得力惟價值較貴就近有大船桅可以借用則無須購買矣

掌壩須知

掌壩官向委道員總理以丞倅副之然道員所管一道之公事較繁且職分較大何能身親細事其實仍以廳員爲主必遴資深才裕者任之其職雖丞倅其權則與道等凡遠汛檄調到工之員弁皆以掌壩爲依歸安其居處時其飲食耳目心思無處不周竹頭木屑無物不備集思廣益信賞必罰務使在壩之官弁兵夫皆畏之如嚴師愛之如慈母下情無不上達而奸弊不敢稍萌然後調度驅策如臂指之聯絡從心庶日起有功克觀厥成矣凡廳知事宜撮其條目詳著於篇到壩時先看兩壩臺是否相對測量現在水深若干並問明

至深若干兩壩公同定議某壩進幾占每占約用正雜料若干共計應用若干夫土錢文亦照數約計當關照總局各廠早爲置備寧可有餘無令不足如壩前水勢深不過三丈每日可進一占倘水勢加深亦不過三日兩占開工宜早日間趕緊不必做夜工

一每日一占勾囘後即於上水下水中間量水深若干高寬若干寫一小牌字插於下水埽眉以備查考此占共計單長若干查明用料若干每料一堆廂做單長若干此應派一員專司其事再親自測量水勢則料垛之虛實可以立見

一每做一占用繩纜若干此係專管小廠文員之事按占報

數初出占時水勢尙淺可以節省及至水深溜急必須加用萬勿惜小費而悞事

一每占廂做一坯料卽用一坯土按坯頭之厚薄一坯壓完卽簽試壓土若干此應派文員專司其事某日廂埽幾坯某坯壓土若干按日摺報仍須親自查量否則又爲人開冒銷法門矣

一買料當以垛計先看廠內料垛每垛稭若干束或柴若干束每束約重幾觔每人能抗幾束以道路之遠近或每束一文或二三文掌壩官按垛計算酌定價錢派千把効用等專管此事每日用垛幾個按數給錢如用壩上積料另定價錢

必須分投跑買不得與大廠之料同走一路致難分别或用小車挨垛包推較爲省便每車插小旂一面與民料庶有分别垛底務令推淨否則糟蹋不少應另派一員專管折垛每運一車發籌一根到壩繳銷壩上派收籌人以便查考

一買土上壩挨土塘遠近如往還二里每人可走二十五回每車定以六七八文則一人每日所得將及二百文飲食之外尚有餘資總之視路遠近定價愈遠愈加則人夫自然踴躍簰桶錢文最易拋散或十千一桶或二十千一桶領錢時或用經摺或用小票總要掌壩官用一圖書或花押赴分局請領以杜空領之弊

一廂埽無法全憑土壓此古諺也然亦須知輕重大都埽未到底不可驟用大土如新占頭二三四坯用土數寸至尺許五六七八坯用土尺五六至二尺到底後方可加重土如壓土三尺應分作三坯於壓蓋柴土後從前眉壓起高一尺遞至埽眼仍復折回做三坯追壓萬無一失

一壩上進占後應於上水下水各立誌樁一根以驗水之長落如進占數十丈金門收窄壩上水漸長壩下水漸落則壩工堅實可知若水勢長落上下相同則埽底未能閉氣必仍有過水處宜加緊用重土追壓不可以壩臺已高稍存大意

一壩工進占堅實則下水必漸澄淤如有迴溜反爲刷深掌

埽官宜早晚上下周巡閱看測量比較深淺埽肚能吐清水此埽便穩倘不見澄淤即甚可慮宜細細講求或係大埽繩纜傢伙太緊有架空之病或埽後離檔太大土壓不醒除本埽加壓重土外當再從上水邊埽夾土埽用力填築設法追壓以救其病

一決口初動工時水深溜濶不甚難下如貪圖疾速於埽未落底或揪頭滚肚無人看守聽其寬緊不一即便廂填壓土往前趕下雖一時不見有病然埽工逾遠則水逾深溜逾急後下之埽全仗前下之埽牢穩結實方能倚靠若少有不妥則從前之病一齊盡發或塌空跌陷或張裂折腰或走漏過

水種種變態俱由此起故下一埽必須壓土加廂俟此埽已經落地將繩纜檢點明白然後再進方無貽誤

一壩頭定橛宜避埽眼誤釘埽眼即有蟄裂之患

一悶橛不宜過早須細看實在到底繩纜不吃重方可用土

埋橛

一邊埽爲大壩護衛不可忽視邊埽稍有病必累及大壩如邊埽穩固十分堅實則大壩雖有病儘可藉以搶救也

一金門收窄下水迴溜必大應做護崖埽段所費不貲擬以木龍代之較爲省便當以開工前發辦龍木暨纜運至工次並預備鉤手一見迴溜即趕紮木龍以資挑護合龍後仍可

折起以爲他用

一埽眉打齊板應看上下水深淺尺寸酌量打成馬面或倒馬面庶釐定時不致參差

一跑牌買土買料之法土要大擔料要大扛量其路之遠近書一給錢不許多寡爭競稍有停留立即攆逐遇小筐之土小抗之料一概無錢則錢不花費土料皆得實用至車土惟長壩臺爲得用應派人專買不可夾雜以致礙路

一買土官必須分路俾各有專責以便稽查正壩分上下水兩路如壩臺寬另行酌添加長壩臺應專爲一路上下邊埽各爲一路夾土埽爲一路其一埽兩三路者應量明丈尺釘

橛縴纜分清道路以免推諉之病

一料土路既分別清楚空重不許並行不致擁擠買土棚後無積壓之土擔則壩頭之土自多矣

一站段擡柴土之効用百總皆開列名單粘貼官棚隨時稽查皆令分段排列站開不許聚集閒談庶免挑土扛料人夫沿路丟拋不能全上壩頭

一所僱隨壩夫扛夫扒摟夫應每名給予腰牌隨時抽查點驗不准有碎料亂草堆積壩面惟扒摟夫及站段之弁目是問

一力作兵丁上水若干名下水若干名椿手幾班何人管領

寫一單貼於官棚內隨時查驗不任短少每至壩頭見有廂工出力料縷全砍鋪料平整者記明酌量獎賞如有不砍小縷以及鋪料縱橫任意亂填問明管隊何人立予責處

一買土官如兩路買土則需二人散錢二人送錢以供分發二人領錢二人攆路再輪流喫飯尚需人通共需十餘人始能當此差使而該員平素用人多則兩人少則一人其餘多人皆派差役烏合之眾且有先用銀錢營求薦引者此等人來其意專爲偷錢並有放鷹等弊若不嚴行查察何所底止惟有按坯收土庶有查考如用錢過多即應查究

一壩上用料掌壩官發拆垛籌或兩垛一開或四垛一開廠

中拆完一垛即將垛上原掛之牌送掌壩官處繳銷以便查考廠中應另僱拆垛夫數名上垛按層拆卸不許衆夫上垛混拉以致糟蹋整料

一分局向設壩下管發牌桶錢文其錢文大都總局撥來然分局總要存錢數百千斷不可用盡再領倘一斷錢則土料停手矣牌桶錢文時常抽盤否則錢不足數只需錢板比足不必細數也

一小廠管壩上繩橛騎馬派一文員專司其事應用各件隨用隨發亦不可用盡再發

一每鈎占時必須親到壩頭逐條查點所有繩頭即令壩兵

剳下押回小廠按日摺報重若干觔俟有成數再繳雜料廠名爲回頭纜此事雖細積少成多不可以小而忽之再製秤一桿上壩纜繩每條俱有觔重牌子隨時抽秤以杜繩廠之弊

一纜繩大都以長十丈爲度究當視水之深淺如出占水深三丈埽出水二丈共高深五丈兩面共長十丈再計一占約寬三丈底面共寬六丈加以底鈎四丈面鈎五丈共計長二十五丈若用十丈繩兩沖則不足三沖則有餘竟定用十三丈繩兩沖足矣少一沖則少一結可省纜十餘觔掌壩官臨時測量水勢酌定丈尺水深遞算加長飭知雜料廠遵辦可

刷印工廠印

耳
一初出占時口門尚寬占子愈大愈穩且省繩纜又少埽眼
一壩臺如定高出水面二丈新占鈎時只要一丈七八尺俟做成四占即將第一占壓大土一坯高五尺再進一占再壓
一占總離壩頭三占爲度則面土已高一丈五尺矣如此辦法自無簾子水等病夫土雖多用料較少不但省費而於工程實加穩固
一壩上向有沿途販土販料之人約有數病料改小扛則壩頭人多而料少急切不能廂高且恐沿路有走失偷漏之病土改小筐其病亦然兼之黑夜巡查不到必致偷挖壩臺之

土故不可不嚴行查禁驅逐至放鴨轉筐之人皆小筐小抗多從隄根販買而來禁販料土亦所以杜其源也近年沿途有婦女小孩搶料以作燒烟者亦宜責令巡料官兵嚴行驅逐

一壩上務令土料不停初出占時所用無多勢不得不暫爲守候如已進至三五占必須正壩用料邊埽用土邊埽用料則正壩用土與武掌壩官商定彼此相讓則工程轉速而人夫無守候之苦

一壩上必須打掃潔淨倘有絲毫裂縫每日清晨查看一目了然隨時設法救辦不可忽視語云千金之隄潰於蟻穴隨

上但有一絲之縫爲害卽不小也

一凡捲下大埽宜於前一日戌時鋪埽至次日丑時捲至辰正卽巳下河庶盡一日之力可以加廂到底

一進占時夜工固不必做可免燈火之患然亦有不能不連夜搶辦者如金門收窄大溜湧激不能軟廂只得捲下大埽此埽下水後必須窮日夜之力一氣加廂追壓到底方可歇手倘埽未到底懸掛壩頭有拔裂之患所關甚大不可稍存姑息因深夜停工此爲最要

一趕做夜工應用燈籠按壩臺之寬窄酌定路數如正壩寬十丈應用燈四路按長二丈釘架一個一架兩燈一夫管三

架惟壩頭新占不能用架須僱夫挑燈每人執挑竿一個亦掛兩燈統計壩長若干用燈幾路每路按兩丈一架共燈若干壩頭用燈若干二共燈若干章程一定辦者易爲照料查者易於查點燈籠應用麤鐵絲加工編紮底盤要厚而重插燭釘要麤而短口上用一鐵皮蓋以避風雨至於上路料路均須路燈按丈尺分派亦有定數

一開工時應於壩下專設渡船以便兩壩往來其船約有數種馬船划船僅可共人夫馬匹之用若運錢運繩纜橛木等項應另備堅實寬大之船

一搭官棚須墊土基高三尺庶遠望瞭然壩上進占至數十

丈則官棚即應再移向前

一開工之始人夫閒暇或埽上不用土時應於壩臺後預積土山一二座以備黑夜搶險時應用

一正壩後必須積料以備不時之需如各壩頭俱不用料即令買料官在於壩後堆積備用

一壩上當差人員每員向例官飯食錢四百文尚不敷旅費而派買土料之員用人尤多且專經手錢文明知其不足而照例發給是誨盜也當量爲調劑如再有不肖之事盡法懲處亦無可怨尤矣

一預備下大埽器具大埽原可不用然不可不備另開列於

雜料廠條內

一在壩官兵遇時節或天寒應普律恤賞

一預備合龍繩橛燈籠官兵犒賞數無一定請示遵行

一預備麻布口袋以爲裝油泥之用如無麻袋以白布縫之長不過三尺寬二尺足矣大約必得二三千個有好蒲包亦可

一開工後壩下運料官民船隻不少口門收窄至十餘丈即須令各船出口如果溜勢太緊應於上邊埽安絞關一二部僱覓人夫無論官民船均爲拉出

一應禁止婦人和尚及穿孝服者上壩禁進占如用兵鼓

向有嫌忌也又賣油者亦不准上壩

提腦揪艄

先於大壩上水水淺之處簽釘排樁約二十根入土丈許用纜生根將捆廂船頭提住不使隨溜下移謂之提腦其下水亦於灘上釘橛三根將船艄用纜梘住以防迴溜謂之揪艄如上水水面太寬纜長則垂腰浸入水中不能得力當用小船十數隻均匀排開將纜架於船上謂之舵纜船惟黃河溜行無定如溜勢將近提腦樁之處即須挪橛此乃出占至要之事須派熟諳千把帶兵二十名專管責令用心經理如大壩上水即是大溜水深溜急無處簽樁只好在上邊埽上釘

椿生纜再用大船五六隻密排邊埽外將提腦纜擠開斜吊捆廂船俗名神仙提腦便可得力第每開占即須管提腦官兵將纜逐條開放如多進幾占並概亦須前挪此亦無可如何之一法費人力較多耳

捆廂船

此即兜纜之船最關緊要必得船身寬大板片堅實方可合用如正壩定寬十丈船必須長十一丈如壩寬十五六丈必須長八九丈船兩隻接連應用其上下水邊埽及二壩正壩邊埽均須船隻務須一一驗看不可少有將就如船隻稍不合用則出占不能如式爲害不小也此項船隻必須方將方

一刷印工廠印

底能於各工各辦一二隻臨時調用固妙否則大西河船亦可務須先期僱募爲要

出占

出占即兜纜軟廂也治河書言之未詳亦莫考其創始前八用之於歲搶埽工乾隆四十三年豫省馬家店大工始行此法然猶一壩下埽一壩軟廂嗣因軟廂便而且穩凡有大工兩壩皆用之及至將合龍時兩壩各下一埽名爲闗門埽亦有不下一埽純用軟廂合龍者軟廂之法用大船一隻横於壩頭名爲捆廂船凡大西河船即可僱用先將船舵褪去再將中艙棚板折卸用木一根如船身長架於船上用繩連底

捆住名為龍骨加以上水提腦下水揪艄使船不隨溜動移謂之上位船既上位即須兜纜每纜一條用橛一根纜之名色不一有暗過肚明過肚底鈎面鈎活留大占腰占揪頭肚占連環占等名暗過肚以船上大桅分中上水九條下水七條離埽頭三丈後照纜數密釘排橛用長十丈繩一頭上橛一頭從船底兜轉活扣於龍骨之上此繩只捆船身與埽無涉惟撑檔打張追壓時均須隨占開放繩子不敷再行冲用直至將合龍時出船後始行勾回明過肚用大繩在船外幫連船頭船尾橫兜拉緊上橛橛應於埽頭七丈後上下水埽眉釘如雁翅形俗名謂之一條龍上水九條下水七條惟打

張時一開其餘不可輕動此二者均爲捆船非㙺纜也底鉤橛離壩頭四丈橫排簽釘每根離空檔一尺或一尺五寸或上水一尺下水一尺五寸總視水之淺深臨時酌定釘橛後用繩一頭上橛一頭活扣於龍骨上此卽兜纜最爲吃重一面鉤橛於底鉤橛退後一丈簽釘數與底鉤同占子廂壓到底然後將底鉤纜全數鉤回拴上此橛活留埽未成時每廂一坯須將底鉤間鉤幾條以便壓土謂之拉活留此橛離四尺一根釘於底鉤前三丈大占上水九條下水七條腰占中間五條與底鉤同力蓋恐底鉤力弱故密加此纜以昭愼重應於底鉤之前密釘排橛每坯廂成壓土跳埽均須開放揪

頭前八下埽即有此名係埽心之繩今所謂揪頭條前眉兜住上水九條下水七條如水深五丈加至二十一條橛釘於上下水埽眉一條龍式離埽頭六丈總俟二坯廂成壓土後再於新埽前眉釘橛一排每根離空檔四尺再於上下水埽眉拐角處各釘一大橛名爲戧橛用小縷鋪於橛邊將上下水揪頭大繩接連編於前眉橛上兩面以軟草包住再用先鋪之小縷將大繩綑成一捆用力拉緊再行上橛此爲第一路斷不可鬆俟加廂兩坯再下二路揪頭每一路總以兩坯爲準層層揪緊方可用大土追壓使埽耳不能外游此乃揪頭之力直俟追壓到底則繩自鬆俗名謂之打綑始可放心

一刷印工廠印

矣肚占每排繩五條計兩排一頭將掀頭捆住一頭上橛連
環占於肚占之外各再加繩五條如肚占法一頭捆住掀頭
一頭扣於龍骨上加廂兩坯再行勾回其橛釘於底鈎後面
鈎前每加廂一坯上下水各下騎馬一路所有出占纜橛盡
於此矣至於軟廂當先於暗過肚明過肚底鈎大占腰占掛
齊後令廂埽兵分十分之七上船三分留壩頭船上兵丁先
將暗過肚明過肚放鬆撐船畧開所有活扣於龍骨上之底
鈎大占腰占一齊開放以垂至水面爲度條條排匀如繩兜
形然後壩上拉旂買料分上下水兩路前進至壩頭交卸壩
頭兵丁將纓子破開仍按抱丟於繩兜之內再於船邊每五

尺直立扛一根每扛派夫一名守之名爲守扛夫使前眉壁立齊整船上兵丁先於上下水廂起用邊棍打齊埽眉退後滿廂愈廂愈寬謂之撐檔大約以寬一丈二三尺爲式廂與埽臺相平即拉活留上橛前眉壓花土數寸此即頭坯當傳齊兵夫排立前眉將備發號令兵夫同聲用力雙脚齊跳前眉愈跳愈下則埽後自然開檔守繩兵丁將活留徐徐出位埽自鋪開是爲打張以三丈爲度鋪平後埽眼塡草上下水各下騎馬六副釘肚橛將騎馬拉緊繫於肚橛之上然後再廂每廂料四八即各下騎馬一路追廂與墹臺平勾回活留壓土一尺二寸傳齊兵夫如前跳法跳至矮墹臺四五尺即

下揪頭一路肚占連環占一路三四坯做法同前壓土可以加重應壓土一尺五寸四坯壓土後再下第二路揪頭及肚占連環占五六坯應壓土二尺下第三路揪頭肚占連環占廂至七八坯約可到底將底鉤纜勾回上橛再丁廂一坯壓面土三尺愈重愈妙

上水邊埽

此乃正壩之外護亦用船擺廂隨大壩進占每占必須蓋住大壩埽眼其廂壓之法一如大壩更宜刻刻小心不可少爲大意必得熟諳備弁專司其事以專責成

卷下大埽

大埽以高二丈爲準壩臺要平正不可歪斜弦子要量準不致上游下串計量弦子十三丈五尺留弦子頭長一丈五尺淨用長十二丈弦子量準後齊板兵丁管飛上下口眉各二尺五寸核桃繩子弔準如寬十丈壩臺卷埽須十丈零五尺方不致掛耳卷埽先要分晰清白各有退步先打底勾橛前眉作準退後五丈打橛一尺五寸空檔九丈後再打上勾橛橛後爲占箍打橛之處上下水占箍即跟大橛後上下水揪頭橛在占箍橛後腰打占三路橛在上勾後每路七根占箍要占無底鈎橛只有上勾橛上水占箍橛十五根下水同揪頭橛上水二十五根下水橛二十三根上下水埽手分勾掛

行繩十九路內計十雙九單每雙路用竿一根計竿十根行繩每根長十五丈每根約重一百二十觔每路行繩拉束腰二條計十九路共三十八條上下水占縋上下水邊棍管揪頭係上下水樁手管並管抱花桁條十五根離前眉五六尺脊筋六條橫拉兩頭編於占縋上齊板經管占縋十五條前首七花鼻一單花後首尺六鼻花穿花三道以抱埽心埽上小縷上下水拉揪頭過花上水二十五根過花十三交與下水樁手下水二十三根過花十三交與上水不致卷埽兩下脫節花過完卽擡埽心抱花小縷鋪上下水齊板釘鋪埽分中橛於六丈處上下水橫釘橛一根以爲分中前三丈釘一

根後三丈再釘一根以爲準頭拉旗擡跳買料鋪埽二丈高埽前鋪四尺五寸中脊六尺五寸後鋪五尺五寸埽鋪齊打鑼効用上埽鳴鑼齊夫隨壩文官管夫各有號令旗幟行羅每號用夫五十名掌壩官兵分派上下水一齊上前站於埽心上下水樁手抱揪頭各行齊集鳴鑼招呼上下水樁埽手一齊答應長號推卷埽心用犁九張每張用夫五名埽卷齊將犁插入埽底擁埽有進無退提犁兵目招呼上犁每犁兵二名犁上齊每犁用夫五十名鳴鑼用長號招呼上下水齊集埽卷至準頭橛處已卷高丈餘不能用長號即用坐號務須招呼明白上下水齊板斥丁埽頭總要一齊不致出上錯

下再鳴鑼喝號齊力擁進倘埽上串蓋由人力不齊即偏拉上水五六條牮一二號不拉下水牮使埽轉臉齊口該提鑼官招呼明白然後鳴鑼喝號一齊用力並進倘埽下錯與串上同埽擁至前口弦子過底勾充對上橛將行繩兜過並將束腰繞於埽上用長梯將拉行繩人夫過梯至後首歸入牮上鳴鑼喝號使埽占膺上下水樁手傢伙一齊上橛聽鑼使埽下河鑼點一鎚鬆繩一覽鑼點二鎚名爲到鑼後首傢伙留住點長鑼一齊跟鑼鬆覽使埽下河一切平穩倘或大埽占膺而打鑼之官不知輕重只顧喝號催促大埽自然急急下河在埽官兵恐有閃失埽下河內平穩之後即撤回牮木

桁條打回行繩樁兵上埽分勻傢伙齊板專管上繩樁手廂釘門枕埽手廂填埽眼門枕離埽皮三尺按四尺一空打橛用三丈長繩連橛帶枕抱花捆穩埽眼用留橛上賈帶緊枕上按四尺一空分空用長大簽子釘枕橛頭與枕平埽手廂填埽眼填飽踏跳拉旗買土跕埽官員効用在於中脊壓土上下水埽頭釘水平如水平外張後身多壓土如裏張靠門枕壓土使埽平身入水方可如式再下騎馬廂埽總同前一樣看水平壓土埽眉俱要二五收分坯坯埽眼要廂填實在騎馬下至三四排即可扯廂一二坯使新舊埽方有拉扯掌墹官兵方可放心其後首傢伙騎馬全要諳練樁兵隨坯倒

活以使大埽弃底亦不致傢伙喫重拉橛撕縫方能如式不致大埽懸立凡埽下水後揪頭繩不可擅放滾肚繩不時微放鬆繩之法只用開棍打繩而自鬆蓋繩鬆一寸埽落一尺是以不可輕放揪頭繩太緊卽防掛耳萬一掛礙卽用木橛向外撬之埽下則已如不下只用打撬樁則埽自下也凡釘樁橛頭宜略向外斜萬一樁尖外露有礙後下之埽謂之掛肚卽將樁尖分去用麤繩圞裹樁尖卽無礙矣

探埽已未着地聽樁法

凡下埽須將已下之埽壓土廂塡探明已經着地平穩妥貼方可往前再邁庶無失悞但口門水深溜急難以探量卽探

量亦未確實入有以揪頭之寬緊爲準者殊不知此法只探得埽箇之是否着地不能知水底地勢有無高低倘地勢有高有低所下之埽擱于高地之上揪頭亦必不緊那知低處尚屬懸虛如信爲平穩往前再邁及至再邁之埽將近着地時懸虛低窪之處兩埽相夾勢必逼溜更緊漸刷漸深終成後患惟有聽樁之法最爲確實如所下之埽驗得揪頭稍寬復將耳朵一隻虛虛貼於所釘各樁之上逐一細聽下有低窪過水之處深者樁必顫聲必大淺者樁雖不動亦必聞水聲仍須再加土壓務以毫無喘息方爲妥貼或壓至格格作哽咽聲亦可不致汕跌矣

釘橛絆纜

凡有一掀頭有一滚肚必有一橛前埽之力全仗此繩此繩全仗此橛釘橛綑繩之後必須於橛後各釘一根於前橛之上用繩絆於後橛之上方爲妥當橛只宜稍長切不可短

壓土紮摟

埽既下後則須壓土然壓土須隨隨堆於新埽之上不可聽人亂倒堆入埽眼之内如埽大土輕不能便沉可於埽個迎水一面用柳或稭扎一小摟用小簽與繩帶住則埽面平寬可以堆積矣候埽眼填好前埽已没下十分之八然後連埽一律加廂普面壓土

記揪頭滚肚

凡埽已沉水過半卽須加廂普面壓土但此時埽箇尚未到底若揪頭滚肚不記明白卽令土料掩蓋無論此埽必不能穩卽欲收放從何處尋覓悞事不小須根根提出併各掛一木牌在繩頭上寫明第幾埽揪頭滚肚俟埽到地後方一概掩蓋

預定合龍口門丈尺

合龍之壩從無筆直者大都微向外越壩頭故迎上水謂之高稍就下水謂之拜雨壩如敵軍各爭上水如東壩高一尺則西壩必高二尺以勝之及至合龍竟有兩壩參差不對者

劉印工廠印

口門收窄至三十丈時最爲緊要兩壩掌壩公同履勘務須彼此順勢兩壩相平再緝口門上水寬若干下水寬若干合龍口門總宜上寬下窄倘竟是上口窄下口寬應計寬若干則酌定以後所出之占應下寬上窄逐占分帶留合龍口門若干丈大約以下口水面寬三丈爲度上口水面寬五丈亦無不可量準後應定東壩再出幾占西壩再出幾占可以合龍蓋金門收窄水深溜急打張不易平時三丈一占者此時只可定二丈五尺做成時尚恐有少無多若不先爲確切計定及至將合龍時原定留下口三丈者或存至四丈有餘上口五丈者或存至六丈有餘欲合則口門太寬恐有閃失如

再進一占則口門太窄亦非所宜若下大埽又恐不能到底往往因此棘手不如兩壩預將出占之數和衷商定各自努力挨占做足丈尺務使寬窄合宜以免臨時周章

出船

金門僅留三丈不能容兩捆廂船必須先拉出一船最後一占始能打張然最後之占極爲費力是以兩壩必爭先出船則埽工必致草率往往門占受病此通病也將合龍時之一兩占尤當細心務令廂築堅實萬勿急欲出船草率勾纜爲要

合龍

一刷印工廠印

合龍不必擇日定時拘泥遲早欲速則虞草率太遲則金門刷深恐防意外總視兩壩頭重土追壓後盤築十分堅實以高出水面三丈及二丈七八尺爲度釘廂壓土不見蟄矮然後合龍先釘合龍橛每根離檔一尺於金門前眉釘合龍枕每橛一根掛纜一條上下水各掛紅一匹總河率道將祭告行禮後先丟柴一束道將各官依次上柴再拉旗買料官兵一齊動手擇熟練之將備鳴鑼爲號守纜樁手聽鑼聲號令將繩齊齊放鬆廂料先鋪上水次及下水俟兜子沾水即接坯壓土廂至三坯即可用大土追壓求到底時下水翻花必近而大愈追壓則翻花愈遠愈小漸漸閉氣矣合龍日開工

宜更早總在子丑寅三時以便竭一日之力追壓到底夜間派官看守追壓大土而已合龍兜子內下水向用倒騎馬不可不用然亦不可多用騎馬以長五尺爲度不可過大恐有橋擱之病至騎馬繩以檾繩爲上麻繩次之至於竹纜而且硬斷不可用爲害不小也

合龍後下水翻花不止有自金門翻出有兩壩埽眼翻出者大小遠近不一應辯明是底漏是腰漏當令熟諳打水弁兵乘小船用丈竿於翻花處細細探摸如水勢深至四丈丈竿入水三丈八九尺始行漂淌則是底漏如丈竿入水一二丈即便淌去則是腰漏底漏病重腰漏病輕總以不見抽紫爲

妙若翻花見柴大象危矣其上水一應探摸由何處進水用丈竿節節下探如竿亂戰者此進水處也應探明寬若干即於該處做一邅埽追壓到底即可閉氣

堵閉缺口至合龍時全河水勢正當故道尚未寬通旁流又復阻塞進退兩難屈不能伸之日此時苟措置稍有不周必致乘虛奔潰盡棄前工故堵合缺口築至龍口寬十餘丈之時務將從前已下各埽凡揪頭滾肚以及樁橛等項一一檢點明白更調集人夫於相去龍門十數丈之後兩壩臺各積土百數十方然後每邊各再進一二埽廂填極穩方可捲下羅葡埽以合龍門既下埽後飛即釘樁廂填就近挑所堆積

土層層加壓如壓埽已着地則連前近口處各埽亦一律加廂普面壓土深四五尺至廂塡柴草又不可一律鋪塡如埽面寬十丈者止於埽頭埽尾向內各廂寬一二丈其埽面中間盡用土壓埽上壓土愈重埽箇愈穩且將來蟄陷亦少從來缺口堵合之後大溜不全歸正引兩河亦必去埽工百數十丈之外似乎足資鞏固但近埽之處不有河形即係窪地水勢一長仍必分流倘不早爲預備則外口嫩沙見水便去壩下埽箇日久腐朽一有變更便無從下手或裡口跌塘太深可於口外約略長短再下順埽數十丈或二路二層或兩路一層以護之如跌塘尚淺則於裡口建貼心壩以爲內戧

更須創築裡越堤一道方爲萬妥此又告成後必做之工程也

從來黄水冲決一次全河必受病一次及至堵合之後水勢不順二三年内必有無數變局甚至另有冲決之處故決口告成後必須細查全河之南北兩岸某處長有沙嘴某處冲有支河某處改移大溜各審其爲害之緩急重輕處處因地制宜應築者築應疏者疏務使河溜寬通堤工無礙然必須上下照應不可有此利彼害暫利久害之病

關門埽

此乃龍門壩子之外護即就兩壩上水邊埽未做之丈尺或

十丈或八丈補做一埽名爲關門埽有用船兜廂者有掛纜合龍者臨時酌定如合龍後金門不能閉氣更當趕辦以速爲要若少遲緩則金門下溝槽又跌出關門埽外矣如追壓到底後金門下水仍不閉氣令人於上水探摸進水之處多用土口袋沉於該處俟下水翻花少緩再於上水趕澆土戧可以閉氣

二壩同時合龍

二壩初築時似與大壩無關痛癢迨壩工漸長口門漸窄則大壩藉二壩爲擎托二壩仗大壩爲捍衛如輔車相依上下呼吸相通倘二壩雖失必掣動大壩尤宜追壓穩實刻刻小

心不可忽視照依大壩跟接進占必應同時慎重合龍可收
實益其做法與大壩皆同惟合龍時二壩金門之溜必較大
壩更激蓋下無頂托故上下水高下懸殊掛纜下兜倍宜慎
重

河防輯要　卷跋

一　刷印工[illegible]

後記

我是從數學史學習中逐步瞭解治黄史的。漢代《許商算術》的作者許商，好天文術數之事的王景、李尋善，他們既是數學家，又以治理黄河而聞名。我國現存最早的河工著作《河防通議》，將中國古典數學天元術運用到治黄工程中，創造了中國古代工程數學的一個高峰。除了數學史之外，内蒙古師範大學科學技術史研究還以少數民族科技史和地方科技史見長。李迪先生曾指出地方科技史研究的重要内容是人與自然環境變遷、科技遺迹與自然環境以及環境與生産的關係，此類研究具有明顯的現實意義和重要價值。想要通過大科學史研究，弄清變遷的原因和未來的發展趨勢，産出對于地方各方面的開發有更大、更直接價值的成果，這類研究大多離不開文獻。之後，李迪先生更是直接指出科技史研究不僅是對過去的科技工作和科技成果的回顧與總結，而且要着眼于現代，讓古人的發明創造爲今人服務，繼續在現代發揮其應有的作用。我將先生大科學史的治學理念視爲座右銘，在科研工作中更加注重讓科研成果服務于國家戰略與區域發展需求。

二〇一九年九月，習近平總書記在黄河流域生態保護和高質量發展座談會上指出，黄河流域在我國經濟社會發展和生態安全方面具有十分重要的地位。黄河流域生態保護和高質量發展是重大國家戰略。同年十月，黨的十九届四中全會提出『加强邊疆治理，推進興邊富民』，首次把邊疆治理寫入黨的文件。內蒙古師範大學組織科研力量，積極申報研究闡釋黨的十九届四中全會精神的國家社科基金重大項目，其中『中國特色社會主義民族區域自治制度自信研究』項目獲批。我承擔其中的『鑄牢中華民族共同體意識下的民族自治地方文化自信研究』子課題，而黃河是首選文化要素。二〇二四年，該項目順利結項，我也對黃河文化所藴含的時代價值有了更深的體會。

有鑒于此，我帶領文化遺産智能應用服務中華民族共同體建設『英才興蒙』團隊，以黃河爲主題，開展了文獻、文物、傳統工藝等多模態資源庫建設和跨模態應用示範工作。這次與內蒙古人民出版社合作出版的《黃河國家治理文獻集成》，旨在梳理和總結文獻中所藴含的歷史經驗和文化信息，爲當代及未來的黃河治理和地方文旅産業發展提供參考與借鑒。

感謝內蒙古民族文化産業研究院、巴彦淖爾市圖書館等单位的傾力相助，感謝內蒙古自治區黨委宣傳部、內蒙古出版集團、內蒙古人民出版社對本項目的支持與幫助。

在此，也向致力于黃河治理和大河安瀾的歷代先賢與當代典範表達崇高的敬意：你們的不懈努力與無私奉獻，爲黃河的安寧與人民的福祉築起了堅實的防綫；你們的智慧與勇氣，將永遠銘刻在中華民族的歷史豐碑上，激勵後人不斷前行。

董杰

二〇二五年一月